# 饮用水保护那些事儿

YINYONGSHUI BAOHU NAXIE SHIER

井柳新　刘锦华　殷炳超　杨晶晶　郜志云　续衍雪　孙宏亮 / 著

中国环境出版集团 · 北京

图书在版编目（CIP）数据

饮用水保护那些事儿 / 井柳新等著. -- 北京：
中国环境出版集团, 2023.9
ISBN 978-7-5111-5609-9

Ⅰ. ①饮… Ⅱ. ①井… Ⅲ. ①饮用水—水源保护—中国 Ⅳ. ①X52

中国国家版本馆CIP数据核字(2023)第175098号

审图号：GS京（2023）2304号

出 版 人　武德凯
责任编辑　孙　莉
装帧设计　岳　帅

出版发行　中国环境出版集团
（100062　北京市东城区广渠门内大街 16 号）
网　　址：http://www.cesp.com.cn
电子邮箱：bjgl@cesp.com.cn
联系电话：010-67112765（编辑管理部）
010-67112736（第五分社）
发行热线：010-67125803，010-67113405（传真）
印　　刷　北京盛通印刷股份有限公司
经　　销　各地新华书店
版　　次　2023 年 9 月第 1 版
印　　次　2023 年 9 月第 1 次印刷
开　　本　787×1092　1/16
印　　张　7.75
字　　数　100 千字
定　　价　50.00 元

# 前　言

水是生命之源、生产之要、生态之基。人们对水的依赖与喜爱是与生俱来的，《诗经》中就有大量以“水”抒发感情的诗句，“蒹葭苍苍，白露为霜。所谓伊人，在水一方。溯洄从之，道阻且长。溯游从之，宛在水中央”。屈原的《九歌·湘君》中亦有“望夫君兮未来，吹参差兮谁思？驾飞龙兮北征，邅吾道兮洞庭”。唐宋时期，更有数不尽的诗词描述江河湖海，以抒发人们对水的热爱。毛泽东更是以“万里长江横渡，极目楚天舒”描述了一幅祖国江山雄伟瑰丽的图景。可以说，水的重要性早已深深地印刻在人们的骨子里。

饮用水作为直接进入人体的水，其安全保障是人类的基本需求，事关人们的身体健康和正常生活。党中央、国务院高度重视饮水安全保障工作。习近平总书记在解决“两不愁三保障”突出问题座谈会上强调指出，饮水安全有保障主要是让农村人口喝上放心水，统筹研究解决饮水安全问题。2021 年 11 月发布的《中共中央　国务院关于深入打好污染防治攻坚战的意见》，要求巩固提升饮用水安全保障水平，加快推进城市水源地规范化建设，加强农村水源地保护。

饮用水保护与每一个人息息相关。为了进一步加深公众对饮用水保护相关知识的了解，强化公众的水源保护意识，本书从“古时”到“当今”、从“水源”到“水杯”、从法律要求到保护措施、从政策管理到技术手段等方面，向公众普及饮用水水源保护相关科学知识。本书共分为五个章节。第一章历史长河之饮用水过去那些事儿，设计了 9 个问题，讲述“水源”从先秦时期到民国时期是如何被人们利用、保护的；第二章当今时代之饮用水喝法那些事儿，从微观角度出发，设计了 11 个问题，重点讲解物理化学等变化作用下的各种各样的饮用水及其特征；第三章固本强基之饮用水“进修”那些事儿，设计了10个问题，讲解一些关于饮用水的基础知识；第四章饮水思源之饮用水保护那些事儿，设计了12个问题，讲解饮用水法律保障、污染风险防范、保护措施等；第五章比物连类之饮用水“周边”那些事儿，设计了8个问题，从宏观角度解读与“饮用水”相关的一些问题，如饮用水水源保护有哪些管理手段等。

本书在研究和写作过程中，得到了苏一兵、张汉松、张岚、陈鸿汉、李云鹏、佟洪金、郑焰、林爱军、杨丽红、毕文静等老师的大力支持和帮助，在此表示衷心的感谢！

由于作者水平有限，书中难免存在错漏之处，敬请读者批评指正。

作者

2023年8月

# 目录

## 第一章 历史长河之饮用水过去那些事儿


1. 为什么说水孕育了人类文明？ / 2

2. 你知道诸子百家经典中蕴含的水源保护思想吗？ / 4

3. 以法治国的秦朝如何开发利用水资源？ / 6

4. 游牧民族如何解决水源问题？ / 8

5. 你了解新疆的“坎儿井”吗？ / 10

6. 马谡败走街亭与水源有关系吗？ / 12

7. 长安城是怎么解决饮水问题的？ / 14

8. 元明清时期北京城的水源从哪里来？ / 16

9. 民国初期民族工业兴起给饮用水水源保护带来了哪些影响？ / 18

## 第二章

## 当今时代之饮用水喝法那些事儿

10. 人为什么要喝水？ / 22

11. 水是如何从饮用水水源地来到水杯中的？ /24

12. 为什么中国人喜欢喝烧开的水？ / 26

13. 为什么水烧开后会有水垢？ / 28

14. 为什么水龙头出水有时会有异味？ /30

15. 什么水泡茶好喝？ / 32

16. 为什么说好水酿好酒？ / 34

17. 为什么一墙之隔的水井水质会“差之千里”？ / 36

18. 矿泉水、纯净水、蒸馏水、自来水和白开水有什么区别？ / 38

19. 航天员喝的水有什么特点？ / 40

20. 哪些疾病与饮用水直接相关？ / 42

## 第三章

## 固本强基之饮用水“进修”那些事儿

21. 中国是缺水国家吗？ / 46

22. 南水为何北调？ / 48

23. 缺水地区如何解决喝水难的问题？ / 50

24. 再生水能喝吗？ / 52

25. 选取饮用水水源地时要考虑哪些因素？ / 54

26. 你知道饮用水水源如何分类吗？ / 56

27. 不同类型的饮用水水源地分布在哪里？ / 58

28. 农村与城市饮用水水源有什么不同？ / 60

29. 从水源到水龙头，我们喝的水都经历了什么？ / 62

30. 自来水厂的水处理工艺有哪些？ / 64

第四章
饮水思源之饮用水保护那些事儿

31. 对饮用水水源污染风险较大的行业有哪些？ / 68

32. 受污染的水处理之后还可以饮用吗？ /70

33. 饮用水水源保护的法律依据有哪些？ / 72

34. 饮用水水源保护为什么要画“圈圈”？ / 74

35. “圈圈”里的法律规定，你知道哪些？ / 76

36. 饮用水水源保护区的标志有哪些？ / 78

37. 驾车穿越饮用水水源保护区时发生交通事故如何追责？ / 80

38. 通航对饮用水水源是否有影响？ / 82

39. 饮用水水源需要做“体检”吗？ / 84

40. 饮用水水源地发生突发环境事件怎么办？ / 86

41. 蓝藻爆发对饮用水水源地供水有哪些影响？ / 88

42. 饮用水保护也有高科技吗？ / 90

## 第五章

## 比物连类之饮用水“周边”那些事儿

43. 气候变化对人们饮水会产生影响吗？ / 94

44. 饮用水水源地保护与降碳有关吗？ / 96

45. 水源地保护攻坚战你听说过吗？ / 98

46. 饮用水水源地会“退休”吗？ /100

47. 突发停水该怎么办？ /102

48. 水中的新型污染物你知道哪些？ /104

49. 你听说过饮用水水源地生态补偿吗？ /106

50. 未来的智慧饮用水水源地是什么样的？ /108

参考文献 /110

# 第一章

## 历史长河之饮用水过去那些事儿

YINYONGSHUI BAOHU

NAXIE SHIR

# 1. 为什么说水孕育了人类文明？

水，是地球的生命之源，没有水就没有生命，同时，水也孕育着人类的灿烂文明。

人类文明的起源、进步与发展都得益于水的哺育滋养。自古以来，水与人类的生存和栖息密切相关，人们总是逐水而迁、择水而居。水对人类的农业生产、城市建设、经济发展和文明进步有着深远的影响。河流不仅提供了土壤肥沃的冲积平原和有利的灌溉条件，还极大地促进了农业的发展，奠定了古老文明的基础。

世界四大文明古国均与河流有密切的关系，同时这些河流的变迁也直接决定着古代文明的历史演进和发展。非洲的尼罗河孕育了古埃及（位于西亚及北非交界处）文明，西亚的幼发拉底河与底格里斯河孕育了古巴比伦（位于西亚，今地域属伊拉克）文明，印度的恒河孕育了古印度（位于南亚，地域范围包括今印度、巴基斯坦等国）文明。“中华文明探源工程”研究表明，黄河、淮河、长江等流域是中华文明的重要发祥地。

## 2. 你知道诸子百家经典中蕴含的水源保护思想吗?

人类对水的情感是与生俱来的，对水源的保护也是发自内心的。《周易·说卦传》中说：“润万物者，莫润乎水”。水是人类生存和社会生产不可缺少且无法替代的资源，万物因水而生、因水而兴。《管子·水地》写道：“水者何也？万物之本原也，诸生之宗室也”“万物莫不以生”“是以无不满，无不居也，集于天地而藏于万物”，管仲认为水是万物的本原与根基。

我国水源保护的思想和相关制度早在两千多年前就已见雏形。《吕氏春秋·勿躬篇》记载“伯益作井”，自伯益成功凿出水井后，人们开始利用地下水源。为了进一步保护水源，先秦时期也出现了一系列法令、法律。周文王颁发的《伐崇令》记载，“毋填井”“有不如令者，死无赦”。《伐崇令》是有记载以来最早的环境保护法令。

先民们还总结出了一套井水水质保护经验。《周易·井卦》记载了“井泥不食，旧井无禽”“井渫不食，为我心恻；可用汲”“井甃，无咎”等，反映古人通过采用淘井、修井壁、加井盖的措施，加强对井水的保护。《管子·杂篇·禁藏》记载“杼井易水，所以去兹毒也”，是说春秋时期先民们已经养成每年定期清理水井、去除杂物的卫生习惯。

## 3. 以法治国的秦朝如何开发利用水资源？

秦朝为了满足军事、经济、社会发展的需要，十分重视对水的利用，修建了灵渠和富平赵老峪引洪灌溉水利工程。秦朝建立了一套较为完整的制度体系，统一六国后，在水源保护和水资源管理方面制定了相关的法令并设有专门的管理机构。《秦律》中的《田律》可以说是迄今为止较早体现生态环境保护思想的法律文献之一。《秦律十八种·田律七》记载："春二月，毋敢伐材木山林及雍堤水。"即在二月，不准到山林中砍伐木材，不准堵塞河道。可见，当时人们对水源涵养的意识已经上升到了法律的高度。另外，秦朝建立了水利河渠管理体系，通过设置专职机构，设都水长、都水丞来掌管国家水政。

# 4. 游牧民族如何解决水源问题?

自先秦时期以来，我国北方草原上先后生活有匈奴、鲜卑、突厥、契丹、蒙古等游牧民族。逐水草而居是游牧民族为了适应草原生活环境，充分利用自然永续资源来延续民族血脉的生存准则。游牧民族根据草场的自然地形、气候条件、水源情况、牧草生长状况及饲养管理条件等划定季节草场。游牧民族在季节草场间迁移路径相对固定，如呼伦贝尔草原上新巴尔虎左旗牧民，他们的放牧路径一般为夏季逐水草至海拉尔河、乌尔逊河、辉河、伊敏河以及这些河流之间数量繁多的湿地，冬季则反过来将牲畜由河谷赶向阳坡高地。

人畜饮水问题是游牧过程中的重要问题。草原上的主要水源有河流、湖泊、冬天的积雪和水井。在未掌握掘井技术前，河流等地表水源是牧民赖以生存的饮用水源，有了水井之后，不仅缩短了取水的距离，而且水井周围的草场也成为选择营盘与放牧点的理想场所。牧民确定一天的放牧区域基本以饮水地点（河流、水井等）为中心，一般羊日行 5 千米～ 6 千米，牛日行 7 千米～ 8 千米，马日行 10 千米～ 15 千米，骆驼大部分在居住点周围活动。

# 5. 你了解新疆的“坎儿井”吗？

坎儿井是利用具有若干竖井的地下暗渠来汇集地下水并使地下水流出地面灌溉农田的水利工程，同时也是气候干旱、蒸发量大、高山融雪水渗入较多地区的重要水利设施。坎儿井是根据当地自然条件、水文地质特点创造出来的，以满足水资源缺乏且蒸发量较大地区的生产生活用水需求，在我国新疆、中亚地区的伊朗等地应用较为广泛。关于新疆坎儿井的起源，众说纷纭，有汉代井渠说、波斯传入说、新疆当地人民自创说等。

清朝道光二十五年（1845 年），林则徐在谪戍新疆时，提倡并推广坎儿井至天山南麓、天山北麓与昆仑山北麓。19 世纪 50 年代末，新疆的坎儿井数量最多时达 1 600 余条，灌溉着新疆大部分耕地。坎儿井工程体系包括竖井、暗渠（地下渠道）、明渠（地面渠道）、涝坝（小型蓄水池）等。竖井在开挖与维修暗渠时，具有通风、出土、定位作用；暗渠有集水和输水功能，即截取和汇集地下水，并输送到地上；明渠为地表输水渠道；有的坎儿井建有涝坝，用于蓄水和提高水温。

# 6. 马谡败走街亭与水源有关系吗？

蜀汉建兴六年（公元 228 年）春，诸葛亮首次北伐曹魏，在陇右占领了天水、南安和安定三郡，迎战曹魏大将张郃。为抢占先机，诸葛亮派马谡率先锋部队镇守战略要地——街亭（今甘肃天水市秦安县东北陇城镇一带）。马谡一意孤行，没有执行诸葛亮的作战计划，也没有考虑补给问题，舍弃水源上山，屯兵孤山，导致四面无援。曹魏军先断了马谡军队的水源，然后放火烧山。蜀军在断水的前提下，战斗力丧失，迅速溃败，诸葛亮首次北伐宣告失败。从战役过程来看，马谡败走街亭的重要原因之一是水源被切断，最终导致军心涣散、溃不成军。

# 7. 长安城是怎么解决饮水问题的？

唐朝是中国古代史上光辉灿烂的时期，长安城是当时世界上规模较大的城市之一。诗人杜牧在《过华清宫》里描述“长安回望绣成堆，山顶千门次第开”。《通典》上明确记载唐京兆府“三十三万四千六百七十户，九十二万人”。为维持庞大人口的饮水供给，长安城充分利用了泾、渭、灞、浐、沣、滈、涝、潏“八水绕长安”的有利条件，在城市水资源规划方面做了合理布局。

唐长安城是以隋大兴城为基础修建和扩充起来的。隋文帝在开皇二年（公元 582 年）建设大兴城时就充分考虑了饮水供给需求，解决了汉旧长安城水咸苦、不适合饮用等问题，规划者宇文恺利用“八水”建设了庞大的引水渠道供水系统。明渠供水干渠有龙首渠、永安渠、清明渠 3 条，每条干渠又分若干支渠，分别通往皇城、园林、街道等区域。公元 618 年，李渊建立唐朝，在大兴城定都，并更名为长安。根据史书记载，唐代宫廷的生活用水基本来源于井水，如唐开元年间，人们每天用骆驼从善和坊运水送入宫廷内，以供内厨使用，但是在地下水位下降时，宫廷的生活用水就以渠水为主。普通百姓的生活饮水主要依赖于地下水，辅之以地表渠水。长安城中有 40 多眼水井。居民洗濯主要依靠渠水。“长安一片月，万户捣衣声”，淙淙而流的渠水，不但解决了宫廷的用水问题，而且给城中广大居民提供了方便。

# 8. 元明清时期北京城的水源从哪里来？

史学界有“先有永定河，后有北京城”的说法，永定河被誉为“北京的母亲河”。北京城坐落在以永定河冲洪积扇为主，沟河、潮白河、温榆河、大石河冲洪积扇为辅的开阔土地上，地势西北高东南低，西部、北部和东北部三面环山，东南部是一片缓缓向渤海倾斜的平原。早在三国时期，先人们就开发利用永定河，修建了大型水利工程如戾陵堰、车箱渠等，用来灌溉北京周边几十万亩土地。历史上由于永定河的补给，北京城地下水资源丰富、泉眼数量众多，著名的玉泉山下的玉泉，就是永定河水补给承压地下水形成的上升泉。

元代以玉泉山泉水作为皇家宫殿及园林的主要水源，并专门修建金水河引玉泉山水入皇城，据记载，（玉）泉极甘洌、供奉御用。明清两代城市改建，城市水系结构也发生了变化，从玉泉山引入金水河的水，主要作为皇城的园林浇灌、防火用水等，朝廷会用专用水车从玉泉山经西直门向皇宫运输泉水以供饮用。乾隆曾下旨称“京师玉泉，灵源浚发，为德水之枢纽。畿甸众流环汇，皆从此潆注。朕历品名泉，实为天下第一”。北京城内也有很多水井，有些井就是泉眼。当时居民生活用水主要是井水，但是有些井水味苦，难以入口，因此至少从明代起，北京城中便有了“京师各巷有汲（甜水）者车水相售”的景象，家境较好的居民可以购买到水质较好的水。

# 9. 民国初期民族工业兴起给饮用水水源保护带来了哪些影响？

辛亥革命推翻了阻碍民族资本主义发展的封建专制制度。在“振兴实业”思潮的影响下，我国的棉纺织业、印染业、造纸业等民族工业得到了恢复和发展。

当时的工业废水因为缺乏有效治理，再加上发展民族工业的迫切需求，所以大量的废水被无序排放到自然环境中，造成河流污染，给饮用水水源保护带来了巨大的压力。部分地区由于工业污染也曾一度引发了民众的反对，为了保障饮水安全，当时的政府也采取了在厂区建设蓄水池截留废水、改取井水、转移污染工厂、给周围群众单独供水、疏浚河道和整理池塘等措施。但由于当时的政府执行能力不足和资金难以维持等因素，水源保护效果非常有限。

# 第二章

## 当今时代之饮用水喝法那些事儿

YINYONGSHUI BAOHU

NAXIE SHIR

# 10. 人为什么要喝水？

水是构成人体的重要物质，具有调节人体生理功能的作用。人体的各个部分，如肌肉、器官、脑脊液和血液里都有水。成人体内水分含量约占体重的 65%，血液中水分含量占 80% 以上。人如果缺水，则只能生存数日，一般断水 5 ～ 10 天就会危及生命。

人体每日水的摄入和排出基本处于动态平衡。水的摄入和排出量每日维持在 2 500mL 左右。人体中水的来源包括饮用水、食物中的水和内生水三大部分，其中内生水主要来源于蛋白质、脂肪和碳水化合物代谢时产生的水。人体中水的排出途径包括呼吸散湿、排尿、粪便、汗液蒸发等。人体中水的排泄不分昼夜，即便在睡眠状态下也会有一定量的水分随着呼吸、皮肤蒸发而流失。通常每人每日需饮水约 1 200mL，摄取食物中水约 1 000mL，内生水约 300mL。

# 11. 水是如何从饮用水水源地来到水杯中的？

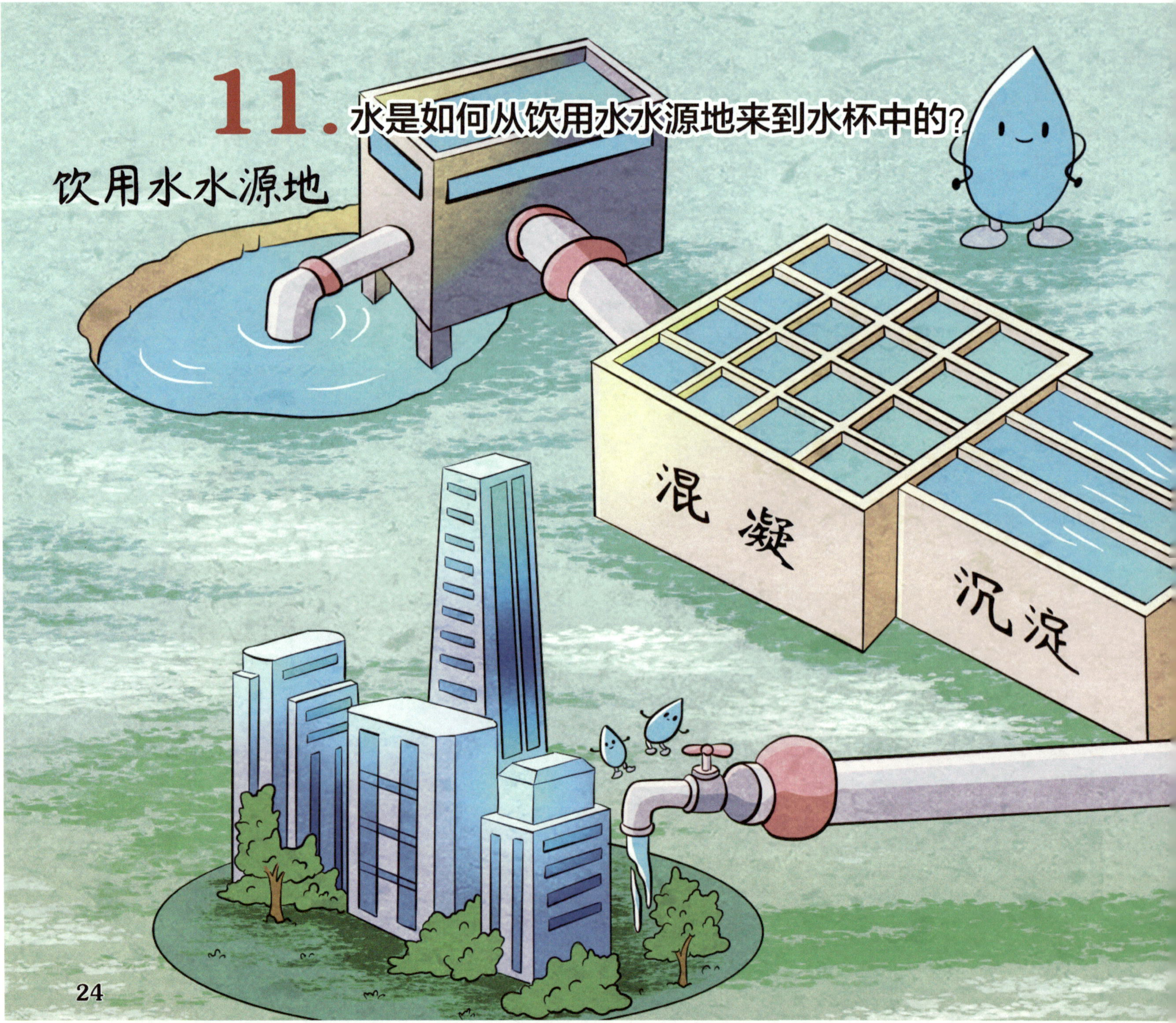

人们家中的自来水一般都取自饮用水水源地，而饮用水水源地的水质要达到或优于《地表水环境质量标准》(GB 3838)Ⅲ类水质要求；如果取用地下水，则水源水质要达到或优于《地下水质量标准》(GB/T 14848)Ⅲ类水质要求。饮用水水源地的水经引水渠道进入自来水厂，再经过混凝、沉淀、过滤、消毒等工艺后，生产出符合《生活饮用水卫生标准》（GB 5749）要求的自来水，通过供水管网输送至千家万户。按照中国人的喝水习惯，自来水被烧开后就可以饮用了。

# 12. 为什么中国人喜欢喝烧开的水？

新石器时代文物的烧焦痕迹揭示了古人也有烧开水的行为。随着社会的发展，丰富的燃料让“烧水”变得更容易了。唐宋时期茶文化的繁荣与发展，将茶与热水紧密结合起来；民国时期，在霍乱不断侵袭的背景下，人们更重视喝开水了；中华人民共和国成立后掀起了爱国卫生运动，提倡人们要喝烧开的水并在公共场合提供开水箱。慢慢地，中国人就养成了喝开水的习惯。从卫生的角度来看，把水烧开能够将水中的细菌杀死，降低患病的风险。

不喝生水
喝热水

# 13. 为什么水烧开后会有水垢？

水是有一定硬度的。水的硬度是指水中钙离子、镁离子的浓度。如果水的硬度较高，在加热时，水中钙离子（$Ca^{2+}$）、镁离子（$Mg^{2+}$）、碳酸氢根离子（$HCO_3^-$）、碳酸根离子（$CO_3^{2-}$）和氢氧根离子（$OH^-$）会发生物理和化学变化，一些钙、镁不溶性盐类（如碳酸钙和碳酸镁等）从水中析出，黏附在水壶内表面形成水垢。

《生活饮用水卫生标准》（GB 5749）对水的硬度是有要求的。长期饮用硬度过高或过低的水都不利于人体健康，会对人的胃肠道和心血管造成影响。当然，关于饮用硬度较高的水对人体健康的影响仍需进一步探索。

WHO（世界卫生组织）关于水硬度的划分标准

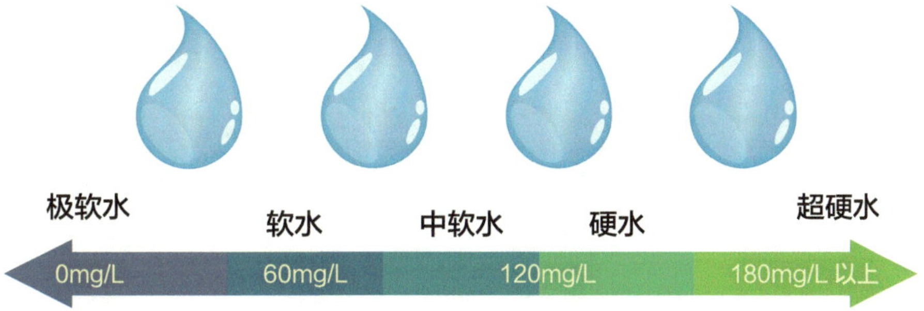


水硬度单位（mg/L）每 1L 水中含有钙、镁离子量（mg）

水垢是水烧开过程中产生的多为白色或者略带其他颜色的混合物，其成分会因水源水质的不同而略有区别。一般而言，水垢主要是加热过程中水中所含钙、镁等阳离子与碳酸根等阴离子发生化学反应，产生的碳酸钙、碳酸镁等沉淀物质。

# 14. 为什么水龙头出水有时会有异味？

饮用水在到达水龙头之前要经过一个漫长的过程。一般城市供水基本要经过三个环节，分别是水源地、供水水厂和输水管网。水龙头出水有时会出现异味，原因可能是水在城市供水中的某个环节受到了污染。

饮用水水源地的水出现异味的原因主要有两个：一是人类活动排放的污染物进入了水源地，如工厂排放的废水、农田使用的农药化肥以及生活污水和垃圾等进入水源地影响了水质；二是水中的藻类等生物大量生长，它们的代谢产物进入水体产生异味。供水水厂在处理饮用水时，也可能会由于工艺不当或加氯消毒等，使水龙头出水产生异味，但多数情况是加氯消毒后管网中的余氯产生的味道。水源在运输过程中，饮用水要经过管网、泵站、蓄水池、水箱等才能到达水龙头，但如果管网生锈腐蚀或者蓄水池、水箱受到污染，水龙头出水的味道就会受到影响。

# 15. 什么水泡茶好喝？

水是影响茶口感重要的因素之一，到底什么水泡茶最好喝呢？

说到泡茶的水，很多经典著作均有提及，如唐代的《茶经》、宋代的《茶录》和《大观茶论》、明代的《茶谱》、清代的《茶史》等。《茶经》云：“其水，用山水上”，也就是说，烹茶最好用山泉水；《大观茶论》云：“水以清轻甘洁为美”；《茶谱》中的“品水”部分，引用了《茶经》的说法，同时将不同地区适宜烹茶水的排名进行了汇总；《茶史》云：“茶之秒有三：一曰色，二曰香，三曰味”，而水是影响汤色、茶香、茶味的重要因素。《茶史》第二卷用了大量篇幅论述了水的选择。总而言之，烹茶的水以清澈甘甜为最佳。

茶经
茶史
茶录
茶谱

# 16.为什么说好水酿好酒？

俗话说“水为酒之血”，在《礼记 · 月令》中就记载了这样一句话：“乃命大酋，秫稻必齐，曲蘖必时，湛炽必絜，水泉必香，陶器必良，火齐必得，兼用六物”，这就是“制酒六必”，而其中“水泉必香”说的就是酿酒对水质的要求了，可见水的好坏直接影响着酒的品质。

我国的名酒数不胜数，大多数好酒出在几个地区：长江与赤水河交界的川黔金三角地带，黄淮之间的苏皖豫地区，以及北方的汾河、渭河平原等，其中重要的原因之一就是水好。以白酒为例，在制作过程中很多环节都要用水，其中最重要的就是酿造用水和降度用水。酿造用水所含成分会影响微生物生长和酶的形成，水质不良会造成酵母菌生长不良等状况，影响呈香物质的形成；高度白酒降度过程中所用的水叫作降度用水，降度用水的水质直接影响成品酒的口感。

酿酒用的水除了要符合饮用水的标准，其酸碱度、硬度、无机成分含量等方面也要符合特殊的要求。我国几大名酒产区，如赤水河流域，其水质具有甘甜、酸碱适度、软硬适中等特点，所以说用“好水”才能酿出“好酒”。

蒸煮
浸米
酒
钓鱼岛
赤尾屿
香港特别行政区
澳门特别行政区

## 17. 为什么一墙之隔的水井水质会“差之千里”？

说到水井，在农村生活过的人应该不会陌生。你是否发现过一些奇怪的现象？比如两户人家虽然只有一墙之隔，但两家水井的水位却相差很大。再如两口相隔 3 ～ 5 米距离的水井，不仅水位不同，水质、口感也都相差甚远，一口水井的水味道甘甜、另外一口水井的水却味道苦涩，这就与我们要说的地下水有关了。

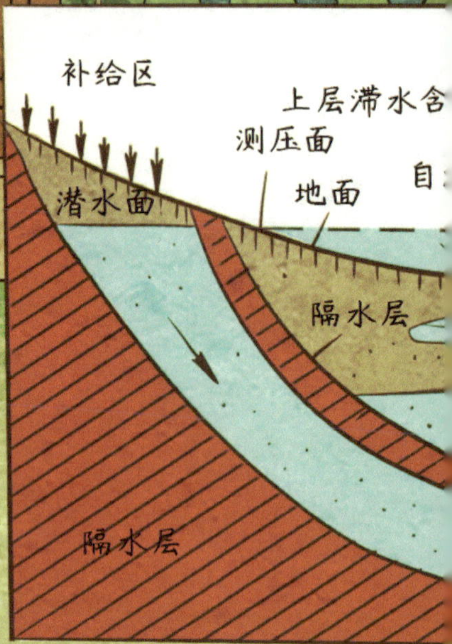

根据《水文地质术语》（GB/T 14157），地下水是指埋藏于地表以下的各种形式的重力水，简单理解就是位于地表以下岩土空隙中的可以流动的水。而地表以下储存地下水的岩土层就称为含水层。含水层的分布是不均匀的，不仅区域异质性很强，而且从地层剖面看，不同含水层的埋藏深度也往往不同。因为浅层地下水和深层地下水的补给来源不同，水压、水质均有可能出现较大差异。如果两口距离很近的水井的水位或者水质不同，很有可能就是因为两口井的取水位置位于不同的含水层中。一般浅层地下水容易受地表污染入渗影响，比深层地下水的水质会差一些。

# 18. 矿泉水、纯净水、蒸馏水、自来水和白开水有什么区别?

矿泉水、纯净水、蒸馏水、白开水、自来水不仅定义不同、水源不同，而且需要达到的标准和处理工艺也不同。

矿泉水是在地层深部循环形成的，其水源一般是从地下深处自然涌出的或者是经人工揭露的、未受污染的地下水。矿泉水富含矿物质、微量元素或二氧化碳气体，饮用的矿泉水需符合《食品安全国家标准 饮用天然矿泉水》（GB 8537）要求。纯净水一般以符合《生活饮用水卫生标准》（GB 5749）的水为水源（也就是自来水），经过蒸馏法、电渗析法、离子交换法、反渗透法或其他适当的水净化工艺制作而成。纯净水的成分除水分子（$H_2O$）外，基本不含有其他物质。蒸馏水也属于纯净水的一种，是指经过蒸馏、冷凝操作的水。饮用的纯净水需符合《食品安全国家标准　包装饮用水》（GB 19298）要求。自来水是经过水厂净化消毒等工艺处理后，经过管网直接供给家庭的水。自来水需要符合《生活饮用水卫生标准》（GB 5749）要求。白开水是烧开后的自来水，基本是每个家庭都会饮用的一种水。

纯净水
泉水
蒸馏水

# 19. 航天员喝的水有什么特点?

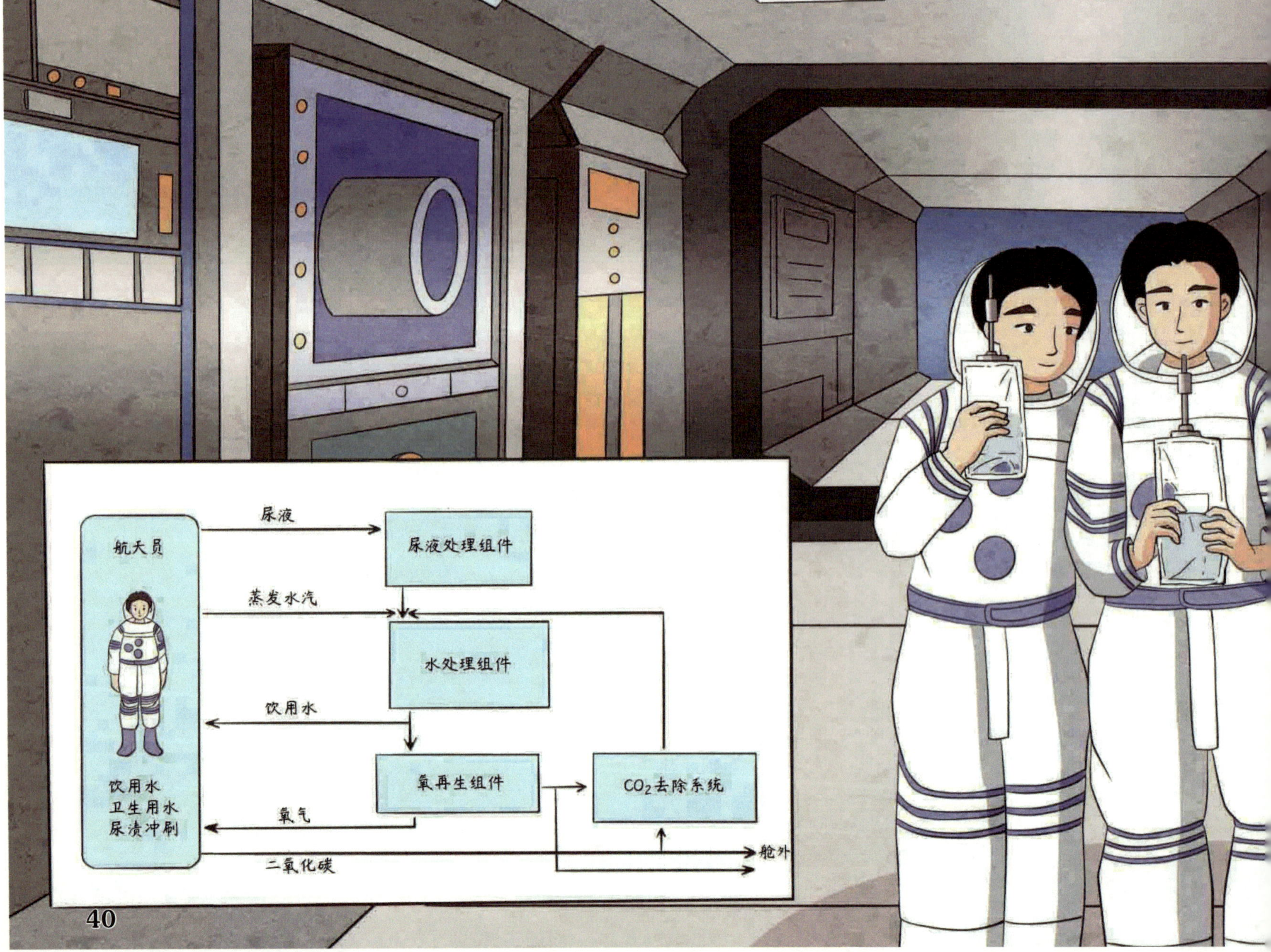

在太空中，中国空间站上的航天员每人每天饮水约 2 千克，而大部分的水源是通过水资源循环利用产生的。目前我国空间站的用水来源主要有以下几种渠道：第一种是航天员携带的少部分的水，供航天员入住第一周饮用；第二种是载人航天器的环境控制与生命保障系统启动后产生的再生水。再生水的生产较为复杂，通过收集航天员的尿液，经尿处理子系统等一系列复杂的处理后，产生蒸馏水，储存的蒸馏水和舱内收集到的冷凝水分别转移到水处理子系统，再经过杂质过滤、去除离子污染物及有机物、加银处理等工艺产生再生水。由于空间站贮存的水不是流动的，航天员还需要定期完成水样微生物的检测，以保证航天员在轨饮用水的安全。通过这种水资源循环利用，来保障航天员在空间站停留期间能有足够的水可以使用。

# 20. 哪些疾病与饮用水直接相关？

据世界卫生组织调查显示，人类 80% 的疾病与生活饮用水不安全有关。水既是人体重要的组成部分和汲取营养的介质，也是有害物质进入人体的重要载体。水性传染病一般由三类病原微生物引起，细菌类病原微生物主要引起伤寒、霍乱、痢疾等病疾，病毒类病原微生物主要引起甲肝等病疾，此外，还存在虫类病原微生物引起的疾病，如贾第鞭毛虫病等。非传染病类的疾病，多数是由饮用水中某种物质过多或过少引起的，如生活在某些地区的人因长期饮用氟含量高的水而产生氟斑牙病。部分物质可能使人体器官功能减退或发生癌变，如 20 世纪轰动一时的孟加拉国“管井”饮水砷中毒事件，以及日本镉中毒引起的痛痛病和汞中毒引发的水俣病等。

# 第三章

## 固本强基之饮用水“进修”那些事儿

YINYONGSHUI BAOHU
NAXIE SHIR

# 21. 中国是缺水国家吗？

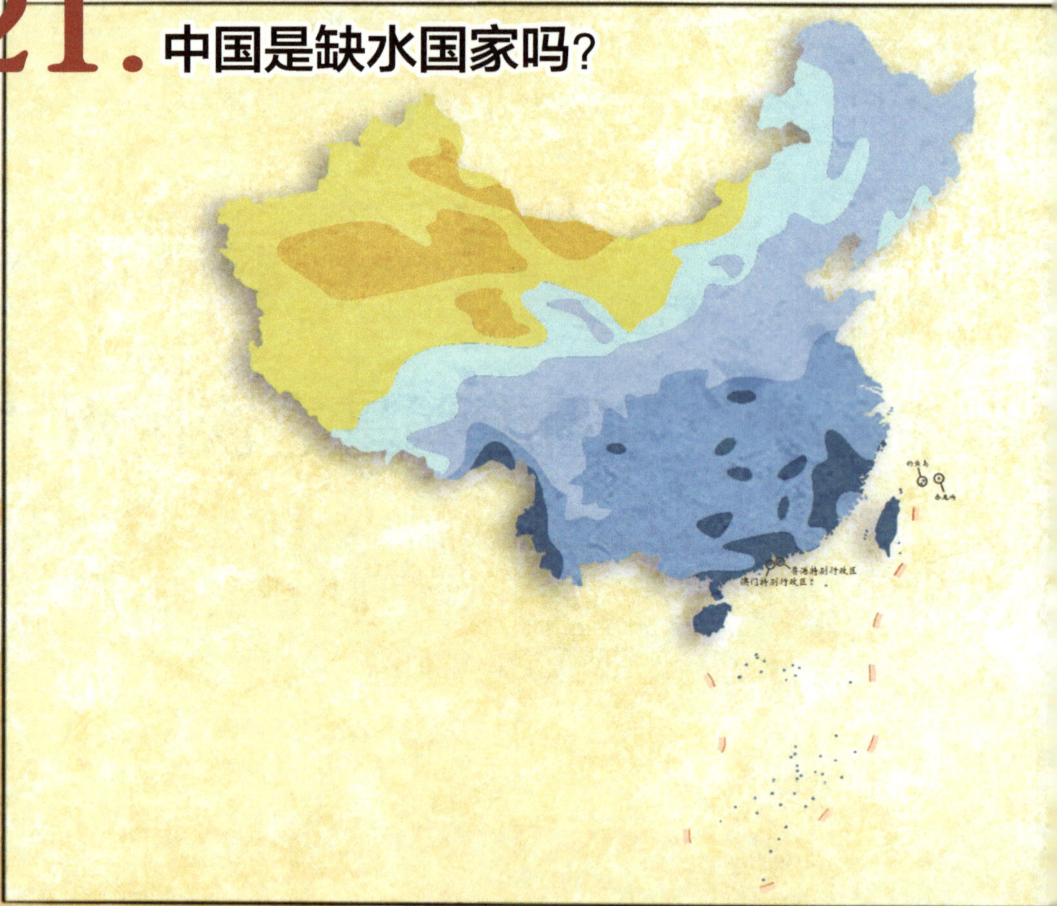

水是地球上所有生物生命的源泉。没有了水，地球将失去活力。

虽然我国水资源总储量居世界第六位，但是由于人口基数大，导致我国人均水资源拥有量仅为 2 300 立方米。与世界人均水资源拥有量 8 700 立方米相比，我国实际上是一个水资源短缺的国家，是全球 13 个贫水国家之一。

除人均水资源拥有量较少外，我国水资源还面临着时空分布不均的问题，我国北方地区面积占国土面积的 60% 以上，但是水资源量不及全国总量的 20%；我国降水 60% ～ 80% 集中在夏秋汛期，降水年内和年际分配不均；随着全球气候变暖，极端气候频发，我国水旱灾害也日趋严重。

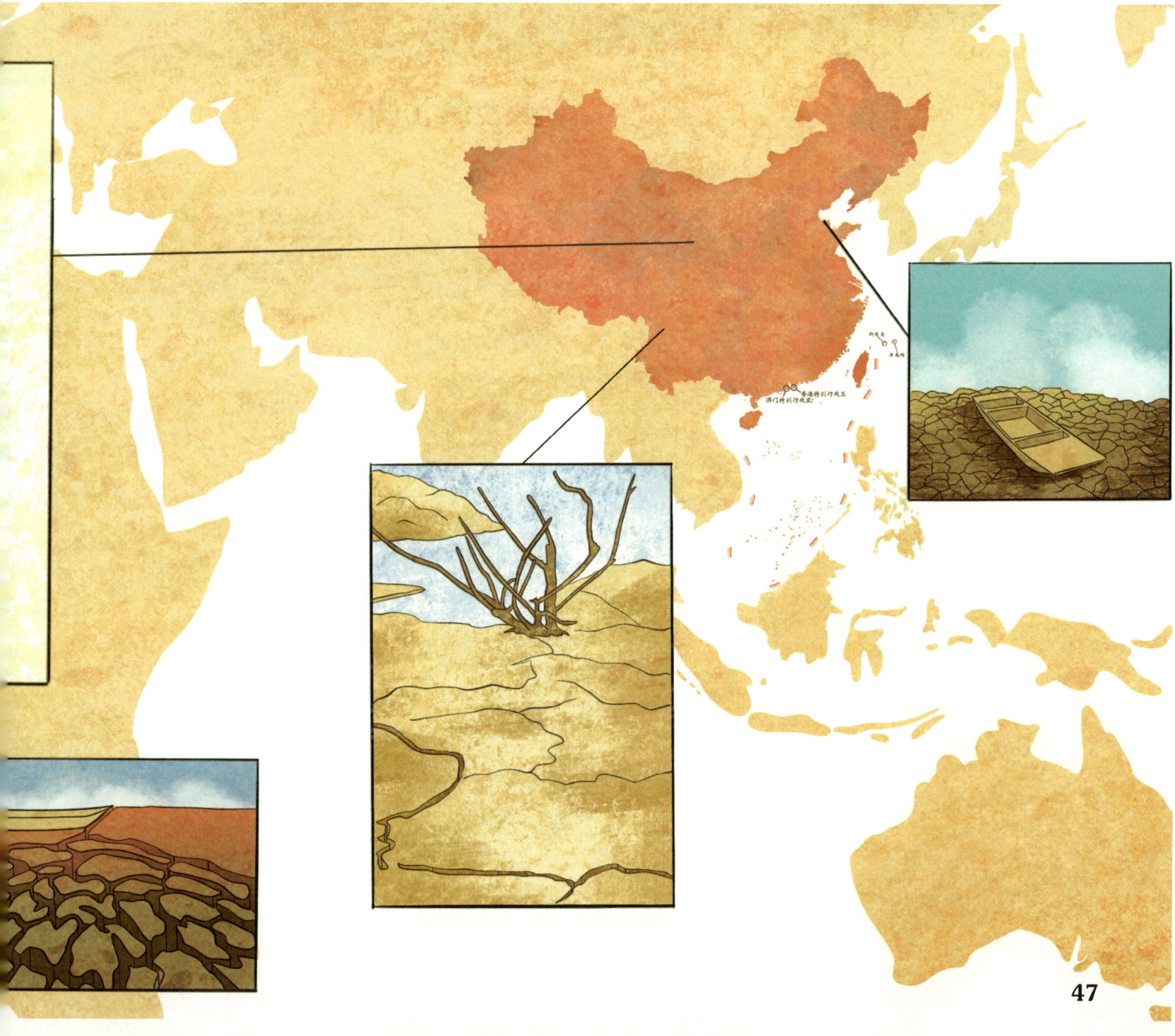

钓鱼岛
赤尾屿
香港特别行政区
澳门特别行政区

# 22. 南水为何北调？

我国水资源短缺，时空分布不均，南方水多、北方水少。黄淮海流域是我国水资源承载能力与经济社会发展矛盾最为突出的区域。相关报道显示，该区域人均水资源量为 462 立方米，仅为全国平均水平的 21%。过度利用地表水、大量超采地下水、挤占农业及生态用水和水污染问题造成该区域地面下沉、海水入侵、水质及水生态不断恶化，使水资源短缺形势更加严峻。为解决黄淮海流域水资源短缺问题，改善生态环境，保持经济发展和社会进步，我国启动了南水北调工程，即在加大节水、治污力度和污水资源化的同时，从水量相对充沛的长江流域向黄淮海流域调水。

中

南水北调东线、中线一期工程分别于2013年11月15日、2014年12月12日建成通水，初步构建了我国“四横三纵、南北调配、东西互济”的水网格局。南水北调一期工程全面通水以来，累计向北方调水超过500亿立方米，受益人口超1亿，已成为北京、天津、石家庄、郑州等城市的主力水源，沿线南四湖、东平湖等生态恢复明显，华北地区地下水位下降趋势得到有效遏制，北京市地下水位实现连续6年持续回升，为京津冀协同发展、雄安新区建设等国家重大战略实施提供了可靠的水资源支撑。

# 23. 缺水地区如何解决喝水难的问题?

缺水一般有三种类型，分别是资源型缺水（没水喝）、水质型缺水（水不能喝）和工程型缺水（有水喝不到）。缺水城镇多数依靠集中供水来解决百姓饮水和用水的问题，而我国广大农村地区情况相对比较复杂，缺水的三种类型均有涉及。因此，为保障农村饮水安全，国家实施了农村饮水安全工程，通过建设饮水工程项目来解决有水喝不到的问题，通过建设调水及集中供水设施来解决没水喝和水不能喝的问题。当然，干旱地区还要通过建设水窖等储水设施来保存雨水、减少蒸发。为此，中国妇女发展基金会实施了“母亲水窖”项目，帮助解决西部偏远地区百姓饮用水缺乏的难题。

# 24. 再生水能喝吗？

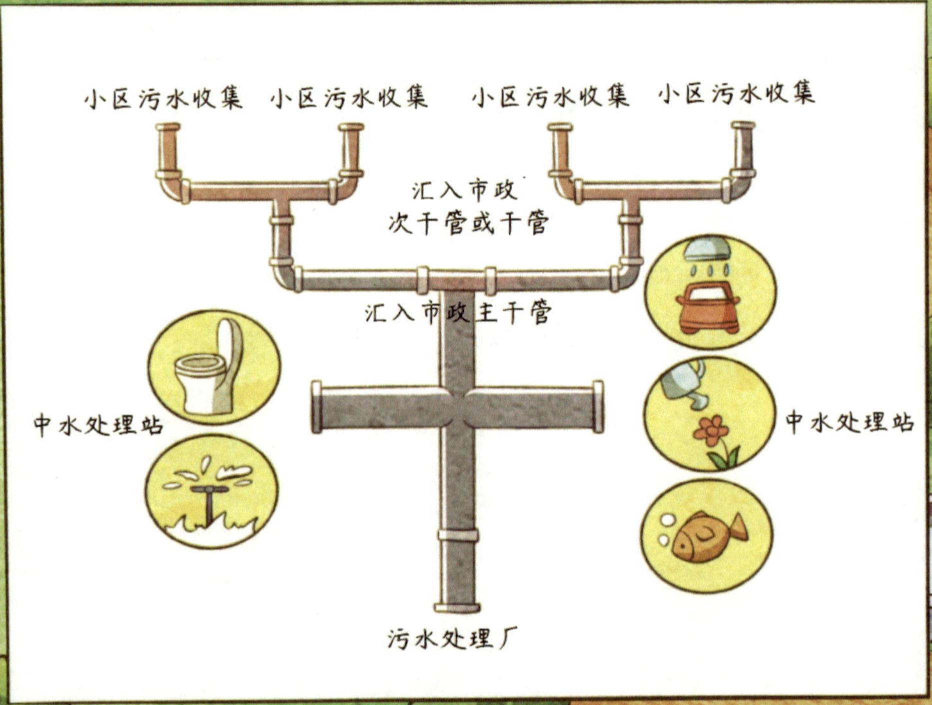

小区污水收集
小区污水收集
小区污水收集
小区污水收集
汇入市政
次干管或干管
汇入市政主干管
中水处理站
中水处理站
污水处理厂


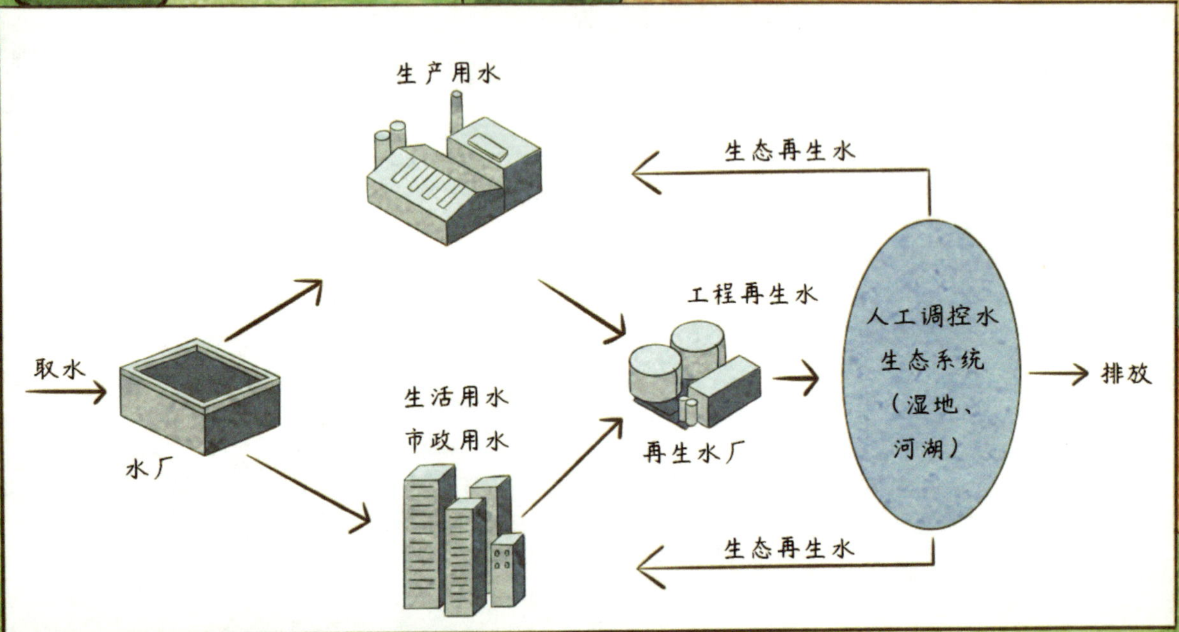

生产用水
生态再生水
工程再生水
人工调控水
生态系统
（湿地、
河湖）
取水
排放
水厂
生活用水
市政用水
再生水厂
生态再生水

再生水主要是指污水经过处理达到一定回用标准的水。与雨水和海水相比，污水水量稳定、水质可控、就地可取，已成为国际公认的“城镇第二水源”。与很多国家相比，我国的人均水资源量较少，因此我国一直重视再生水的综合利用。2021 年以来，“水回用导则”系列国家标准正式发布，为我国污水资源化利用发展提供了重要标准依据，对加强再生水分级管理、引导污水再生处理技术开发与优化进步、促进再生水行业快速发展具有重要意义。

再生水利用必须充分考虑再生水的水质，确保再生水能够安全、高效地回用。《水回用导则　再生水分级》（GB/T 41018—2021）明确了再生水具有农田灌溉、绿地灌溉、工业用水、景观环境用水、城市杂用、地下水回灌等多种用途，并规定当再生水同时用于多种用途时，水质可按最高水质标准要求确定，也可按用水量最大用户的水质标准要求确定，以保障用水安全。当然，在一些缺水的地区，可以将再生水用作居民的生活用水。需要注意的是，居民生活用水的标准相对较高，这就需要对污水采用更加复杂的处理工艺。目前，技术上可以将再生水转化为可饮用水。在国外，已有技术能将马桶水净化成可饮用的水。但是，从处理成本和人们的心理接受度等方面来讲，饮用“再生水”还有一些难题需要解决。

# 25. 选取饮用水水源地时要考虑哪些因素？

选取饮用水水源地时需要考虑的因素有很多，如水量、水质状况、地理位置、周边环境状况等。饮用水水源地的水量要能够满足居民及时取得足量的生活饮用水，水质要保证长期饮用后不会影响人体健康。从保障水量的角度看，地表水水源在开采期间应常年有较为充沛的水量，有断流现象的河流不宜作为水源，有冰封现象的河道应将取水口设于冰层以下；地下水水源应尽可能选择在含水层较厚、水量丰富、补给充足且调节能力较强的区域。从保障水质的角度看，饮用水水源地应符合当地水功能区划要求，水源水质应能达到或优于《地表水环境质量标准》（GB 3838）Ⅲ类水质标准或《地下水质量标准》（GB/T 14848）Ⅲ类水质标准。从空间布局来看，河流型水源应尽量选择在居住区上游，避开回流区、死水区和航运河道，避免水源受咸潮影响；湖库型水源应考虑湖库泥沙淤积和蓝藻水华对水质的影响；地下水水源应设在城市或工矿排污区上游，避开已污染（或天然水质不良）的地表水体或含水层地段，宜选择地层防污性较好的区域。从周边环境影响角度来看，饮用水水源在选址时还应注意环境污染风险防范，考虑自然突变或人为因素可能造成的影响，尽量避开石油化工厂、垃圾填埋场、危险品仓库及运输路线、尾矿库等风险源。

# 26. 你知道饮用水水源如何分类吗？

饮用水水源按照水体类型可分为地表水水源和地下水水源。地表水水源一般是指地表淡水水体，通常可以分为河流型和湖库（湖泊与水库）型两大类。相较而言，地表水水源开采比较容易，但易受到人类活动的干扰。

地下水水源赋存在地表以下岩层空隙中，依据含水介质类型，可以分为孔隙水、裂隙水和岩溶水；依据埋藏条件，可以分为包气带水、潜水和承压水。相较而言，地下水受人类活动干扰较小，水质较为清洁，但地下水的污染途径隐蔽性强、污染过程缓慢，一旦发生污染，很难彻底治理。

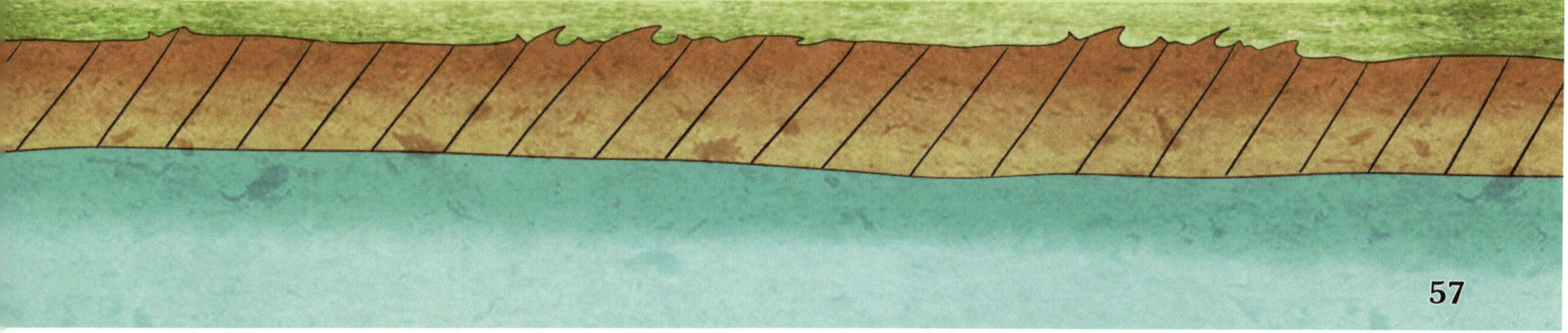

# 27. 不同类型的饮用水水源地分布在哪里？

在我国，受降水强度、水资源分布不均衡、水系构造差异等影响，不同类型的饮用水水源地分布具有较强的地域特征。其中，华北地区、西北地区和华南地区的饮用水水源地多是地下水型水源地；东北地区除辽宁东部的饮用水水源地以河流型水源地为主外，其他地区的饮用水水源地也多是地下水型水源地；华东地区的上海、浙江等，西南地区的重庆、四川东部和华中地区的湖北北部等地的饮用水水源地以湖泊型和水库型水源地为主；其他南方地区的饮用水水源地以河流型水源地为主。

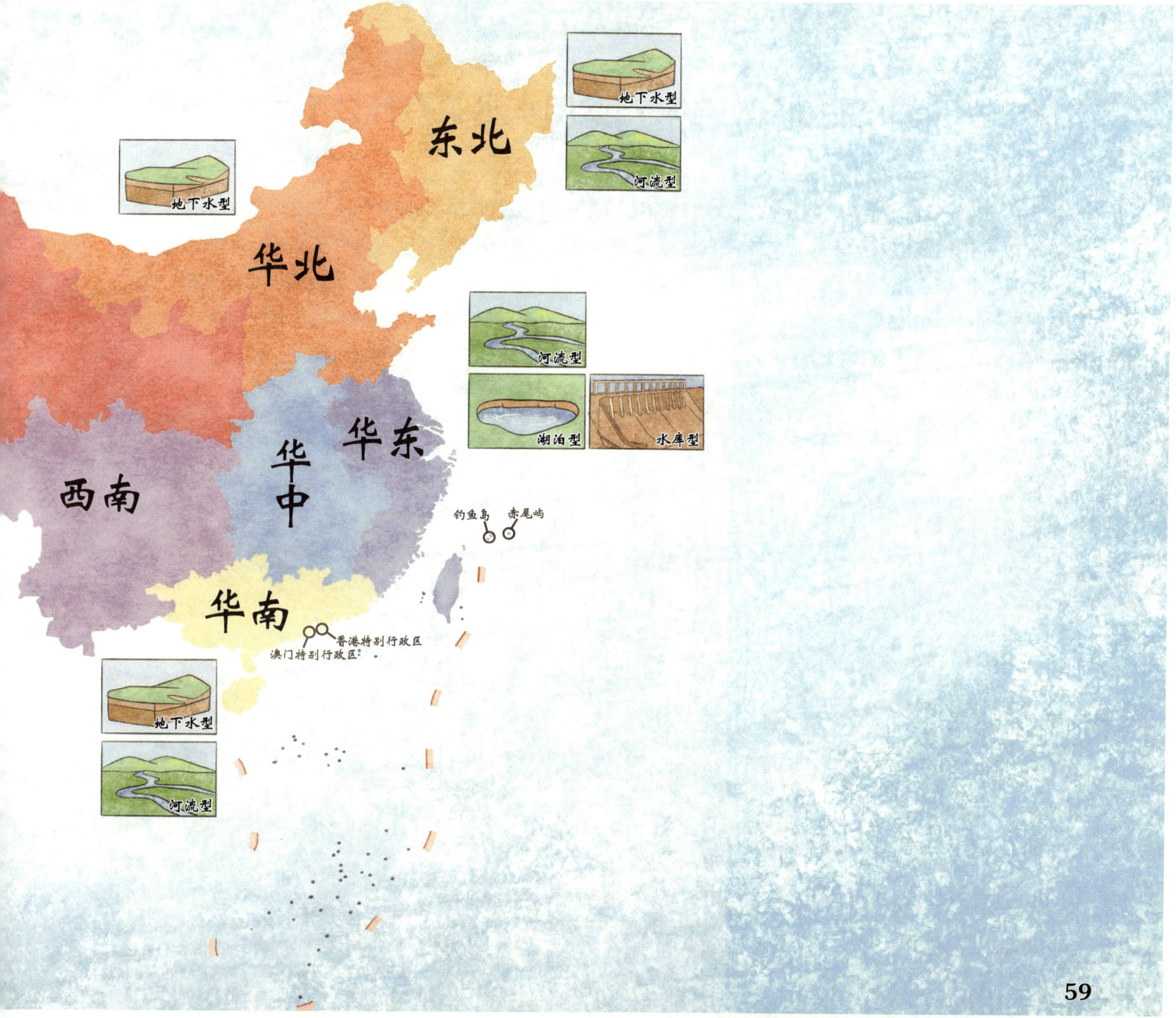
东北
地下水型
河流型
地下水型
华北
河流型
湖泊型
水库型
华东
华中
西南
钓鱼岛
赤尾屿
华南
香港特别行政区
澳门特别行政区
地下水型
河流型

# 28. 农村与城市饮用水水源有什么不同？

一般而言，所谓的城市饮用水水源是指给县级及以上城市供水的水源，农村饮用水水源是指给村庄供水的水源。城市和农村饮用水水源从水源地自然属性来看并无差别，执行的水质标准、水源保护要求等均相同。城市饮用水水源供水服务人口多、取水量大，水源地环境基础设施相对完备，管理制度相对健全，而农村饮用水水源则呈现数量多、空间分布广、服务人口少、取水规模小等特点。与城市饮用水水源地相比，农村饮用水水源地环境保护基础设施还存在短板弱项，其抗污染风险能力相对较低。

大用户水表
大用户水表
企事业单位
分区测量点
商场写字楼
水厂
网管测压点
网管测压点
自来水公司
网管测压点
直供井
大用户水表
分区测量点
中途加压站
工厂
大用户水表
供水加压站

# 29. 从水源到水龙头，我们喝的水都经历了什么？

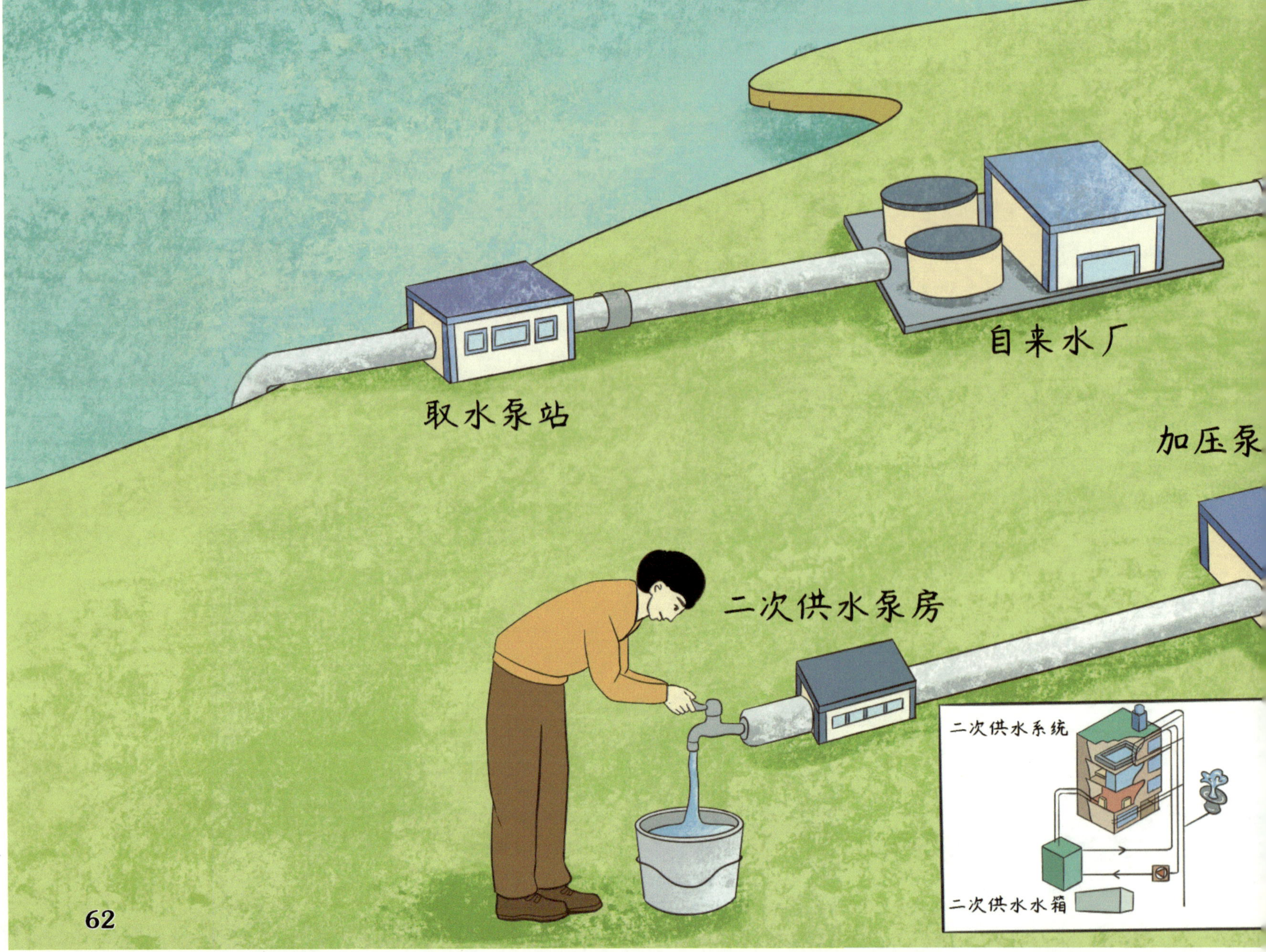

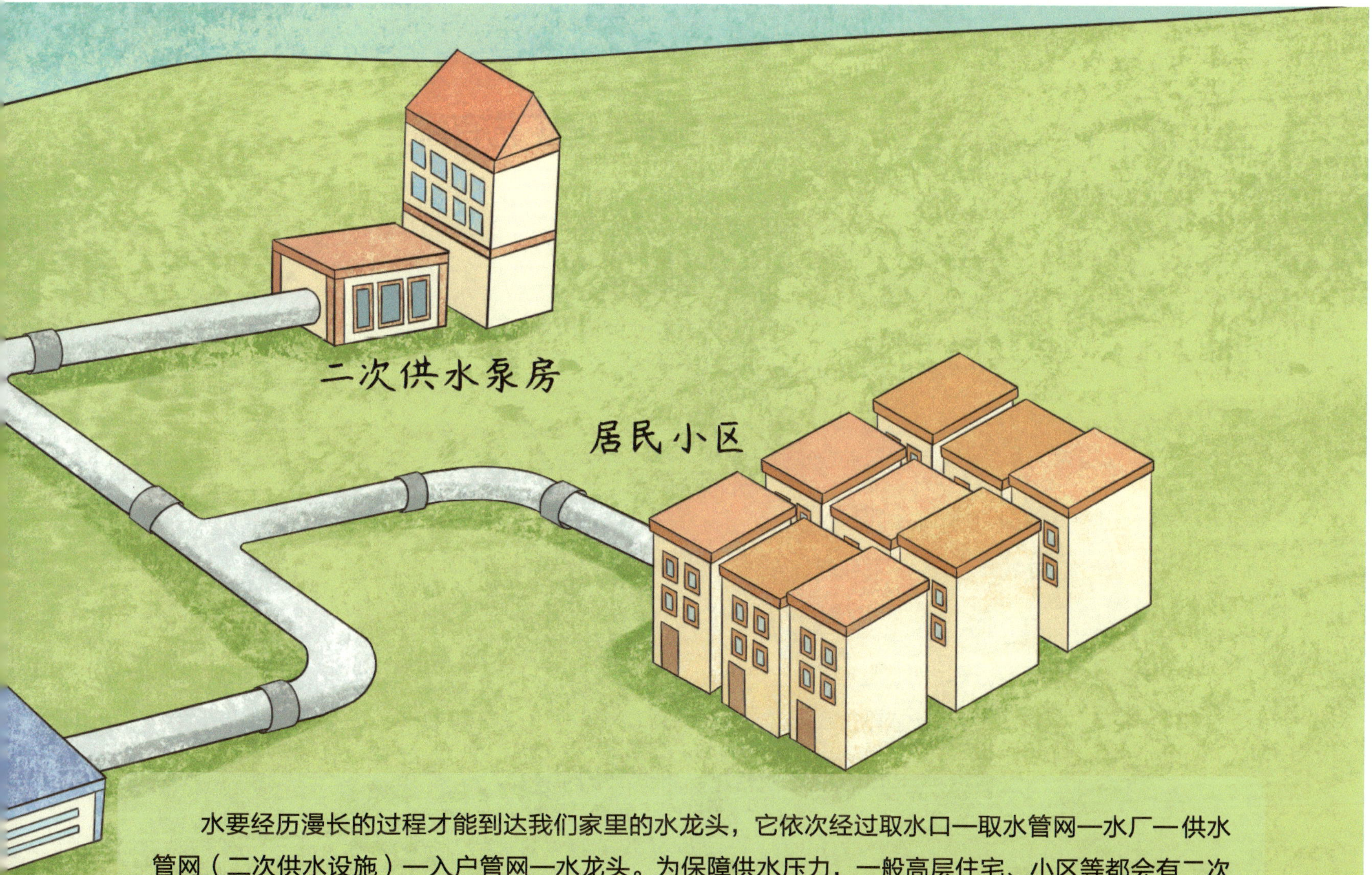


水要经历漫长的过程才能到达我们家里的水龙头，它依次经过取水口一取水管网一水厂一供水管网（二次供水设施）一入户管网一水龙头。为保障供水压力，一般高层住宅、小区等都会有二次供水设施，如高位水箱、水塔等。另外，水厂的出水及供水管网中的水会定期进行检测。为保障饮水安全，防范微生物污染，根据《生活饮用水卫生标准》（GB 5749）供水管网末端要保持一定的消毒剂（如游离氯、臭氧）余量。

# 30. 自来水厂的水处理工艺有哪些？

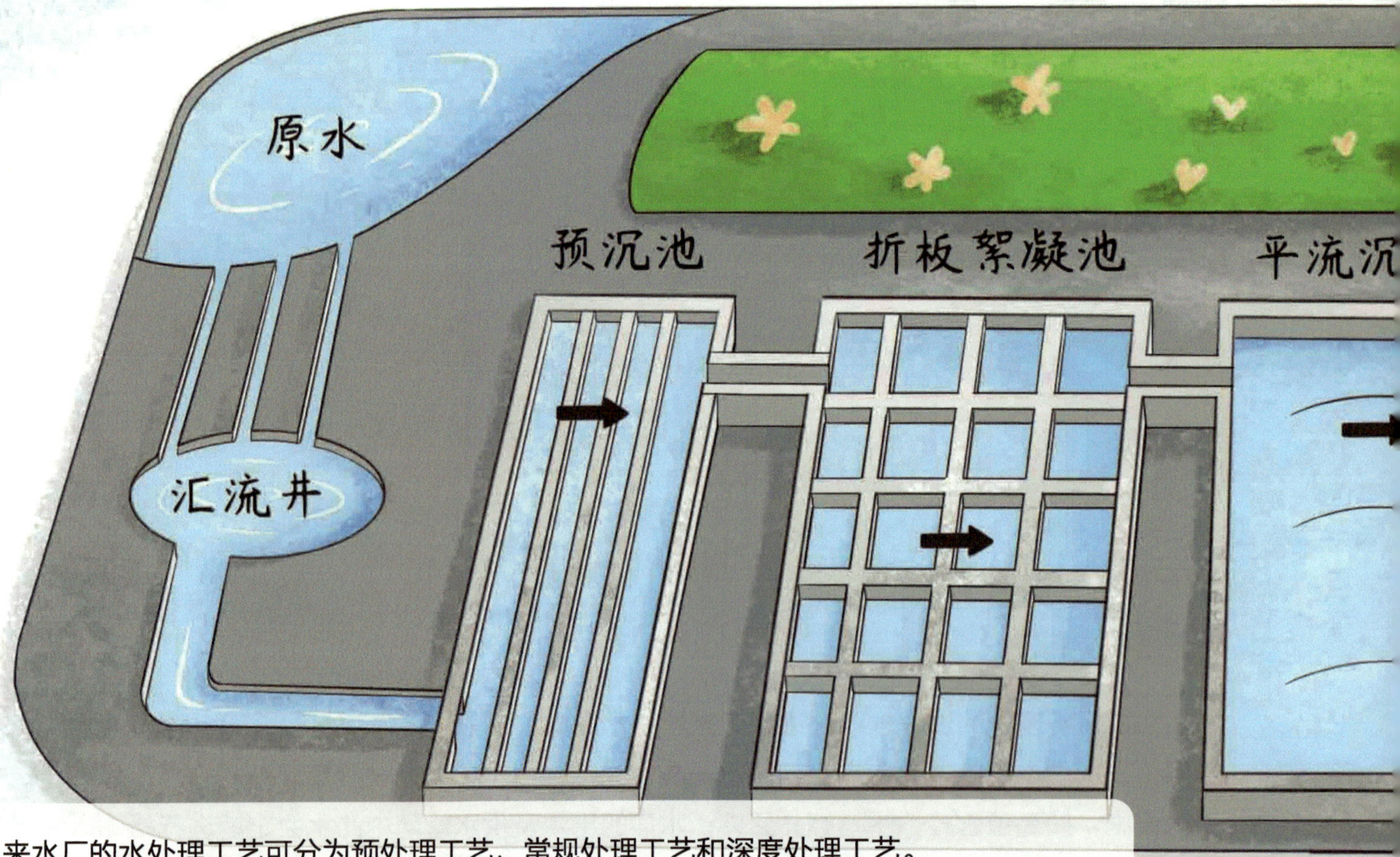


自来水厂的水处理工艺可分为预处理工艺、常规处理工艺和深度处理工艺。

预处理工艺在常规处理工艺之前，其主要目的是通过物理、化学、生物等方法改变污染物的性质和可处理性，使原水能在后续工艺中得到有效处理。预处理工艺的主要方法包括化学氧化、生物降解、吸附去除、pH 调节、曝气、沉淀等。

常规处理工艺流程包括混凝、沉淀、过滤、消毒，处理的对象主要是水中的悬浮物质、胶体物质和病原微生物。但常规处理工艺存在局限性，难以有效去除的污染物有三大类：一是氨氮、藻类等易使水出现异嗅异味的物质，二是消毒副产物的前驱物（主要是天然有机物），三是溶解性微量污染物（主要是人工合成有机物）。

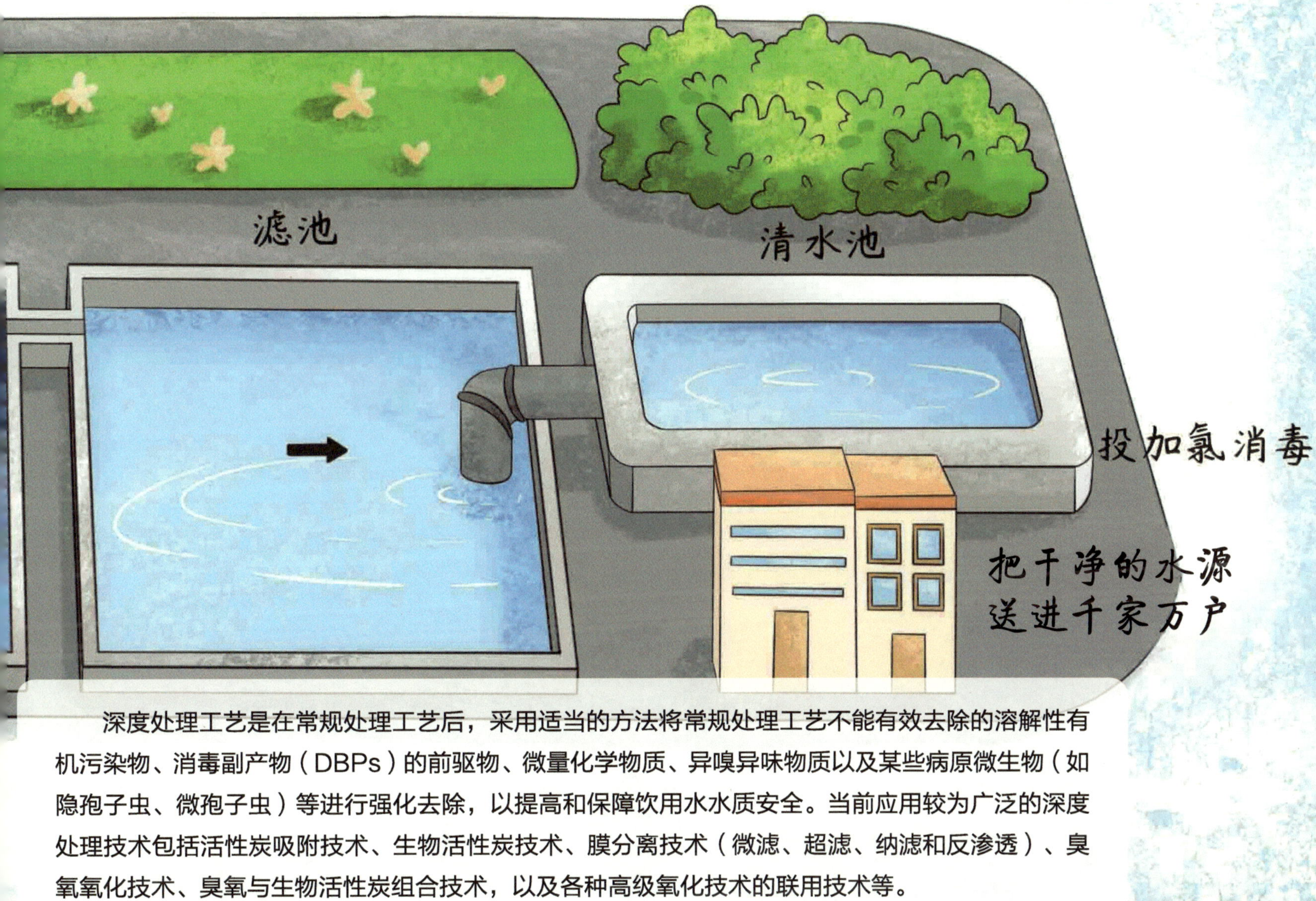


深度处理工艺是在常规处理工艺后，采用适当的方法将常规处理工艺不能有效去除的溶解性有机污染物、消毒副产物（DBPs）的前驱物、微量化学物质、异嗅异味物质以及某些病原微生物（如隐孢子虫、微孢子虫）等进行强化去除，以提高和保障饮用水水质安全。当前应用较为广泛的深度处理技术包括活性炭吸附技术、生物活性炭技术、膜分离技术（微滤、超滤、纳滤和反渗透）、臭氧氧化技术、臭氧与生物活性炭组合技术，以及各种高级氧化技术的联用技术等。

# 第四章

## 饮水思源之饮用水保护那些事儿

YINYONGSHUI BAOHU
NAXIE SHIR

# 31. 对饮用水水源污染风险较大的行业有哪些?

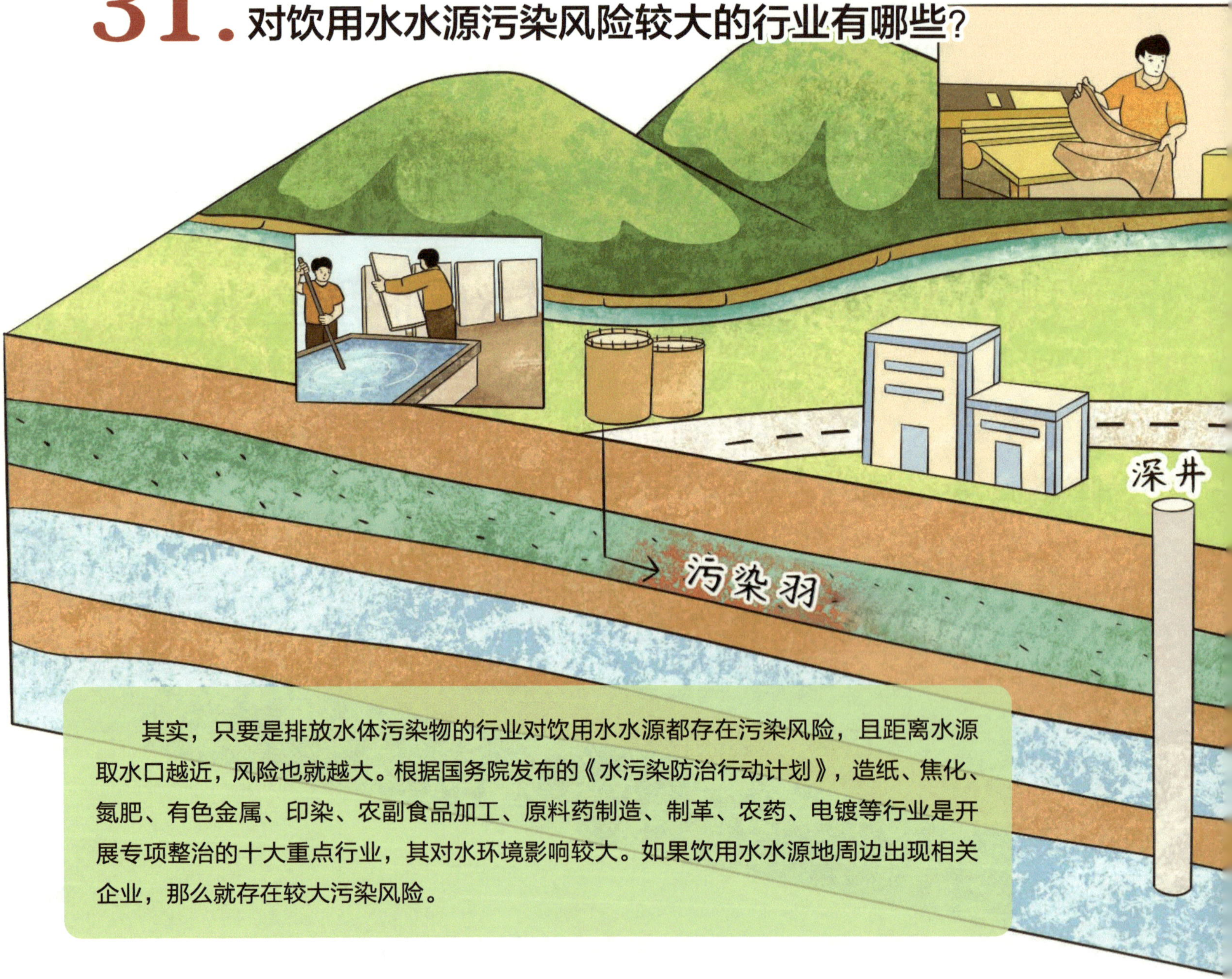


其实，只要是排放水体污染物的行业对饮用水水源都存在污染风险，且距离水源取水口越近，风险也就越大。根据国务院发布的《水污染防治行动计划》，造纸、焦化、氮肥、有色金属、印染、农副食品加工、原料药制造、制革、农药、电镀等行业是开展专项整治的十大重点行业，其对水环境影响较大。如果饮用水水源地周边出现相关企业，那么就存在较大污染风险。

# 32. 受污染的水处理之后还可以饮用吗?

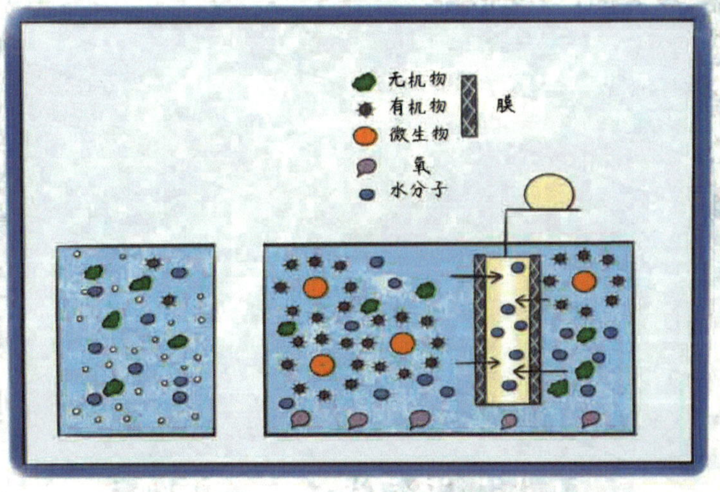


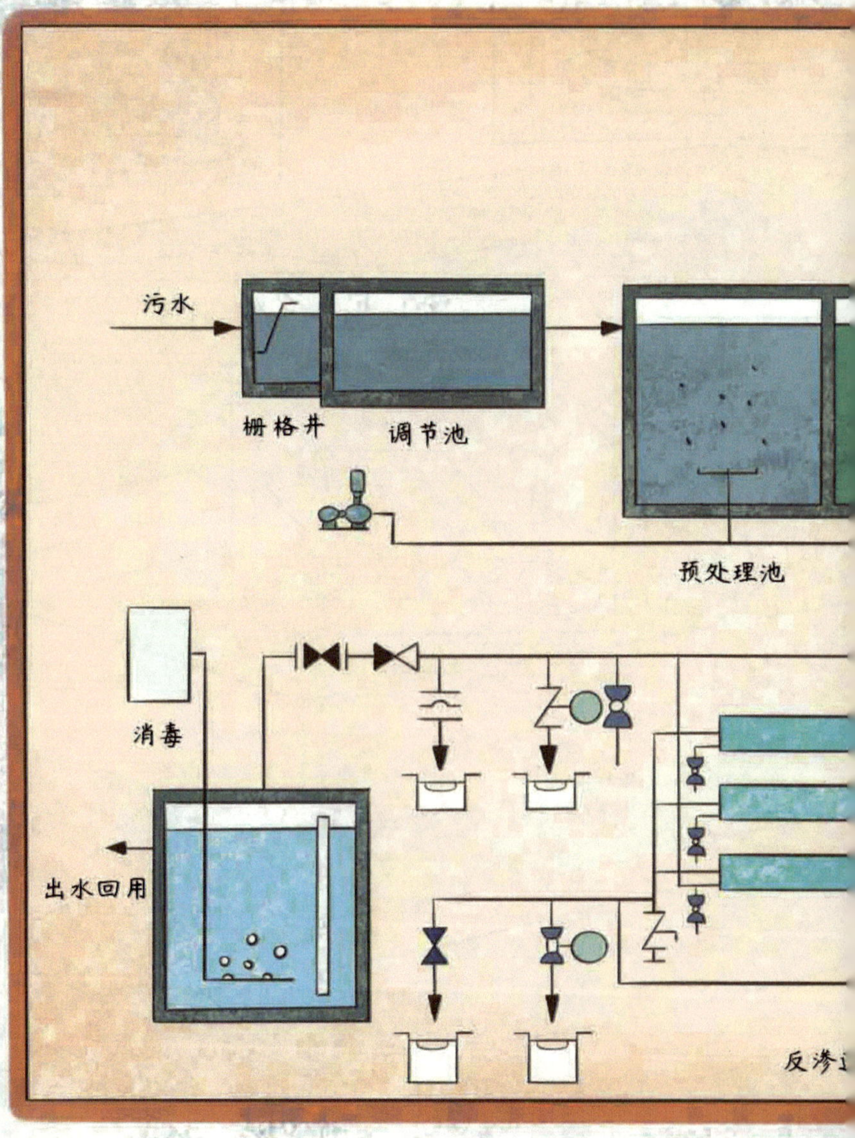

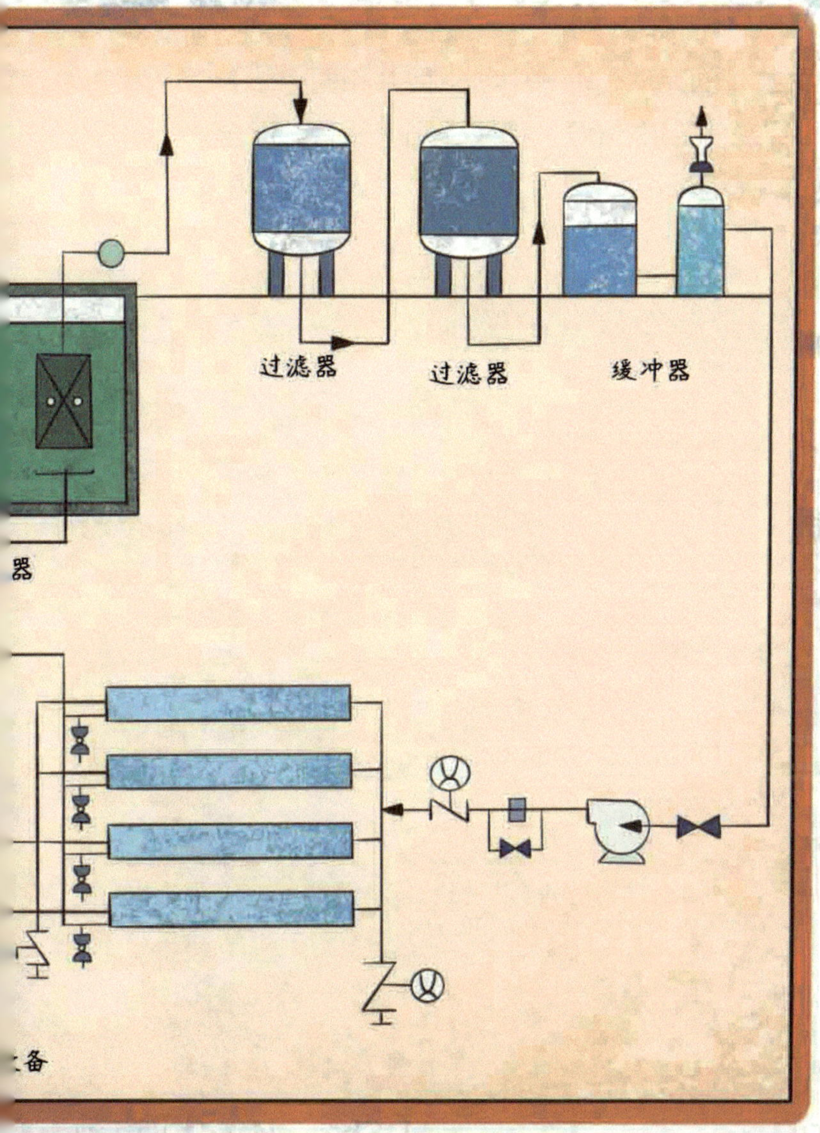


我国自来水厂出水要满足《生活饮用水卫生标准》（GB 5749）才可以进入供水管网。该标准包含了 97 项水质指标。受到污染的水体，通过相关技术手段达到上述标准要求后是可以作为生活饮用水的。如果想要达到直接饮用标准，水质则需要达到《饮用净水水质标准》（CJ 94）要求。以符合生活饮用水水质标准的自来水为原水，经再次净化达标后即可成为直接饮用的管道直饮水。

# 33. 饮用水水源保护的法律依据有哪些？

饮用水水源保护的根本法律依据为《中华人民共和国宪法》。《中华人民共和国宪法》明确了“矿藏、水流、森林、山岭、草原、荒地、滩涂等自然资源，都属于国家所有，即全民所有”“禁止任何组织或者个人用任何手段侵占或者破坏自然资源”。《中华人民共和国宪法》为其他法律法规的制定提供了根本遵循。

与饮用水水源保护息息相关的法律主要有《中华人民共和国环境保护法》《中华人民共和国水法》《中华人民共和国水污染防治法》等。法律明确了国家建立饮用水水源保护区制度，并对水源保护区内的建设项目进行了限制性规定。此外，地方政府为了更好地保护水源，也纷纷制定了地方性的法规，除省级、市级、县级饮用水水源保护条例外，也有针对某个水源单独制定的法规。

# 34. 饮用水水源保护为什么要画“圈圈”？

饮用水水源保护区是为防止饮用水水源地污染、保证水源水质而划定，并要求加以特殊保护的一定范围的水域和陆域。饮用水水源保护区分为一级保护区和二级保护区，必要时可在保护区外划分准保护区。我们可以这样理解，为了保障饮用水安全，国家要求在取水水源地周边一定区域内画“圈圈”。可以画一个圈，也可以画两个圈，必要的时候还可以画三个圈，就像大型城市建设的环形路一样，如北京的二环、三环、四环路等。最里面的圈距离水源最近，要求也最严格，第二圈次之，第三圈再次之。总之，有了这几个圈，饮用水水源地就如有了孙悟空为唐僧画的“保护圈”，各种可能污染饮用水的行为都被拒之圈外，以此保障百姓饮用水水源安全。

饮用水水源
二级保护区
饮用水水源
准保护区

# 35.“圈圈”里的法律规定，你知道哪些？

前面我们说了饮用水水源的“保护圈”，这里我们就聊一聊“圈圈”里的那些禁令。《中华人民共和国水污染防治法》第六十四条至第六十八条明确提出了饮用水水源保护区内的法律规定。简单理解就是：一级保护区内不能建设与供水设施和保护水源无关的项目，不能从事可能污染饮用水水体的活动；二级保护区内不能建设排放污染物的项目，从事可能污染饮用水水体的活动时，应当按照规定采取措施，防止污染饮用水水体；准保护区内不能建设对水体污染严重的项目。

一级保护区可以理解为人类活动的禁地，即便存在道路等交通穿越情况，也要严格采取污染防范措施。二级保护区及准保护区可以理解为自然风景胜地，因为这些区域对排污企业的管理有严格规定，对不遵守规定的企业会依法“驱逐出境”；当然，我们如果想去旅游，也要严格遵守国家及当地的相关法律法规。

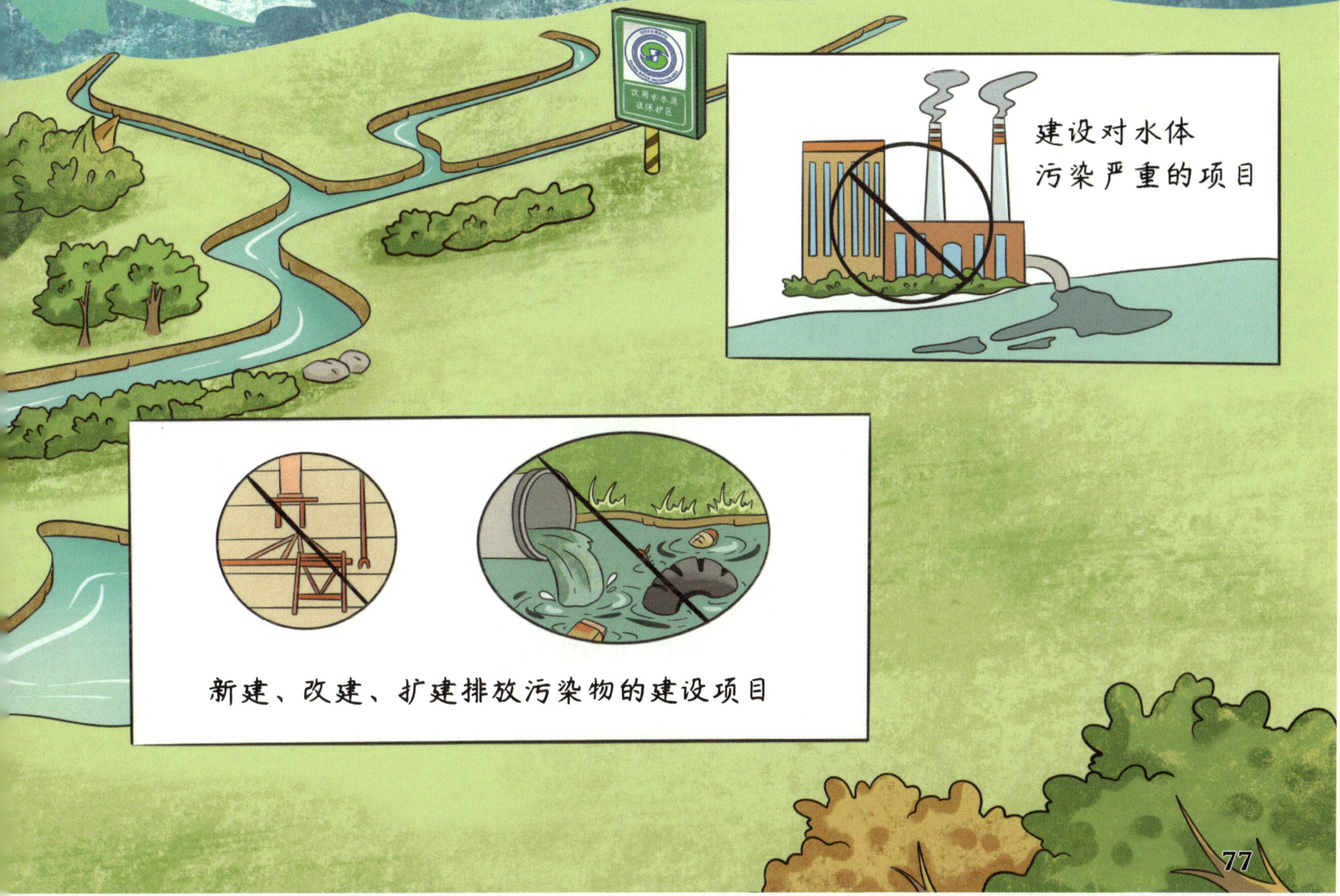

# 36. 饮用水水源保护区的标志有哪些？

2008年，环境保护部发布了《饮用水水源保护区标志技术要求》（HJ/T 433），要求用图形符号、文字和颜色等，向相关人群传递饮用水水源保护区的有关规定和信息，以保护饮用水水源地。饮用水水源保护区标志包括图形符号、界标、交通警示牌和宣传牌。看到饮用水水源保护区图形符号时，就意味着你已经处于饮用水水源保护区“圈圈”的边界或内部了。

饮用水水源保护区界标是在饮用水水源保护区的地理边界设立的标志。它标识饮用水水源保护区的范围，并警示人们需谨慎行为。

饮用水水源保护区的交通警示牌用于警示车辆、船舶或行人进入饮用水水源保护区道路或航道时，需谨慎驾驶或谨慎行为。交通警示牌又分为道路警示牌和航道警示牌。

饮用水水源保护区宣传牌是为保护当地饮用水水源而对过往人群进行宣传教育所设立的标志。各地方政府根据实际需求设计宣传牌上的图形和文字，如介绍当地饮用水水源保护区的地形地貌、划分情况、保护现状、管理要求等。

# 37. 驾车穿越饮用水水源保护区时发生交通事故如何追责？

运输有毒有害物质、油类、粪便的车辆一般不准进入饮用水水源保护区，必须进入的车辆要事先申请并经有关部门批准、登记，而且须设置防渗、防溢、防漏设施。当驾车穿越饮用水水源保护区发生交通事故时，未对饮用水水源地造成影响的，对事故责任者可按照《中华人民共和国道路交通安全法》进行处理。如果交通事故造成或可能造成饮用水水源污染，可参考《饮用水水源保护区污染防治管理规定》，事故责任者应立即采取措施消除污染并报告当地城市供水、卫生健康、生态环境、水利、自然资源等部门和本单位主管部门，由生态环境主管部门根据当地人民政府的要求组织有关部门调查处理，必要时经当地人民政府批准后采取强制性措施以减轻损失。

按照《中华人民共和国水污染防治法》的规定，“因水污染受到损害的当事人，有权要求排污方排除危害和赔偿损失。由于不可抗力造成水污染损害的，排污方不承担赔偿责任；法律另有规定的除外”。生态环境主管部门和有关社会团体依法支持因水污染受到损害的当事人向人民法院提起诉讼，因此交通事故责任人可能会受到受事故影响区域群体的共同诉讼。总之，务必记住，当你驾车穿越饮用水水源保护区时要谨慎驾驶。

# 38. 通航对饮用水水源是否有影响？

通航航道附近如果有饮用水水源取水口，那就可能存在污染水源的风险。《中华人民共和国水污染防治法》第五十九条至第六十二条明确规定了船舶水污染防治要求；《集中式饮用水水源地规范化建设环境保护技术要求》（HJ 773）也对流动源管理提出了明确要求，特别是涉及危险化学品的运输和管理，要求就更加严格了。

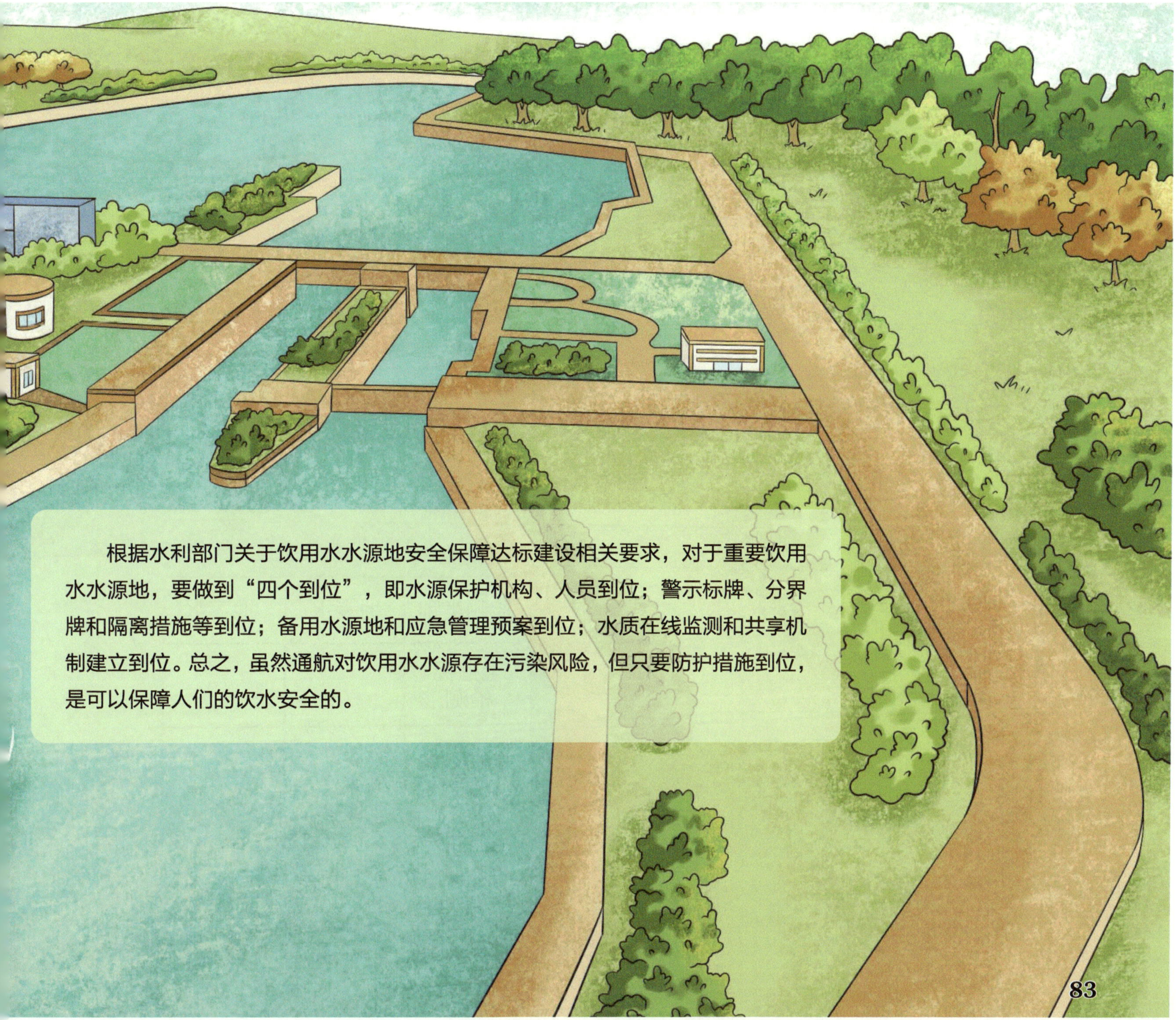

根据水利部门关于饮用水水源地安全保障达标建设相关要求，对于重要饮用水水源地，要做到“四个到位”，即水源保护机构、人员到位；警示标牌、分界牌和隔离措施等到位；备用水源地和应急管理预案到位；水质在线监测和共享机制建立到位。总之，虽然通航对饮用水水源存在污染风险，但只要防护措施到位，是可以保障人们的饮水安全的。

# 39. 饮用水水源需要做“体检”吗？

| 检测类别 | 地表水 | 地下水 |
| --- | --- | --- |
| 全指标检测 | | |
| 常规检测 | | |

饮用水水源是需要做“体检”的，并且需要定期“体检”，“体检”项目及频次都是按照每年生态环境主管部门最新发布的相关监测方案要求执行，“体检”指标参考《地表水环境质量标准》（GB 3838）和《地下水质量标准》（GB/T 14848）中河流、湖泊、水库、地下水对应的指标项目。体检类型主要分为“常规体检”和“全科体检”。“常规体检”主要对上述标准中的基本指标项目进行检测，“全科体检”是对上述标准中的所有指标项目进行检测。

# 40. 饮用水水源地发生突发环境事件怎么办？

按照相关法律法规要求，地方政府应对集中式饮用水水源地编制专门的突发环境事件应急预案，通过对可能的重大污染源进行监控以及对附近水体进行水质监测来及时获取相关情况。在发生突发环境事件时，依据其影响程度发布对应的预警信息，并实施相应的应急监测与处置措施。

当饮用水水源地发生突发环境事件时，需要尽快停止该水源供水，启用备用水源或从其他水源调水，或者在水厂对水源进行相应处置，以保证供水水质满足相关标准要求。总之，我国有完备的饮水安全保障制度，即便发生突发环境事件，人们也无须恐慌，因为政府及相关部门会及时采取相应措施，来保障人们的饮水安全。

# 41. 蓝藻爆发对饮用水水源地供水有哪些影响？

2007 年 5 月，无锡市因太湖蓝藻爆发而导致供水危机的新闻众所周知。藻类污染对饮用水水源地会产生很多方面的影响。首先，会引起水源水质恶化，较高含量的藻类及藻类代谢物会使水质发生色、嗅、味等方面的变化，易产生异味。其次，富营养化水体中所含的藻类及其死亡残体，在水处理过程中易产生新污染物，甚至可能是一些致突变物，传统的净水工艺对其没有明显的去除效果，相反还可能在氯消毒处理过程中发生化学反应，使出水水质毒理学安全性下降，对人体健康造成危害。再有，当藻类爆发时，水厂不但需要额外投入大量絮凝剂使制水成本增加，而且较高浓度的藻类也会影响絮凝处理效果，并在过滤过程中堵塞滤池、管道或产生腐蚀，对水处理工艺造成不利影响，进而影响供水安全。

新 闻
XX 饮用水水源地蓝藻爆发

# 42. 饮用水保护也有高科技吗？

饮用水保护领域也存在很多高科技，高科技的应用大大提高了饮用水环境管理水平和执法效率。比如，生态环境主管部门可利用卫星遥感技术预测湖库型饮用水水源水华爆发风险，利用水质自动监测设备实时监测水源水质情况，利用同位素示踪技术较准确地锁定水污染事件中的责任方。生态环境执法部门可利用无人机开展日常巡逻，探查饮用水水源保护区内是否存在排污口、违法倾倒污染物行为等，利用水下潜艇探测仪侦查水下是否存在渔网、地笼等捕鱼工具，利用 GPS、“电子眼”追踪穿越饮用水水源保护区的危险化学品运输车辆等。在当今智能手机普及的时代，公众也可以快速参与到饮用水水源保护中。饮用水水源保护区的界标、宣传牌大多带有二维码，公众通过扫描二维码即可获得相关管理部门的信息及联系方式，如果发现危害水源安全的不法行为，可第一时间向相关部门进行举报。

# 第五章

## 比物连类之饮用水“周边”那些事儿

YINYONGSHUI BAOHU

NAXIE SHIR

# 43. 气候变化对人们饮水会产生影响吗？

近年来，随着温室效应不断凸显，全球气温升高、极端天气频发等影响了人类和动植物的生存环境。饮用水水源地在气候变暖的背景下，也将面临一定的威胁。气温升高带来的雪线上升和冰川融化，会引起区域气候变化，从而引发旱涝灾害，给水源地的水量、水质保障带来难度；海平面上升对沿海地势较低的水源地易造成海水入侵的威胁。

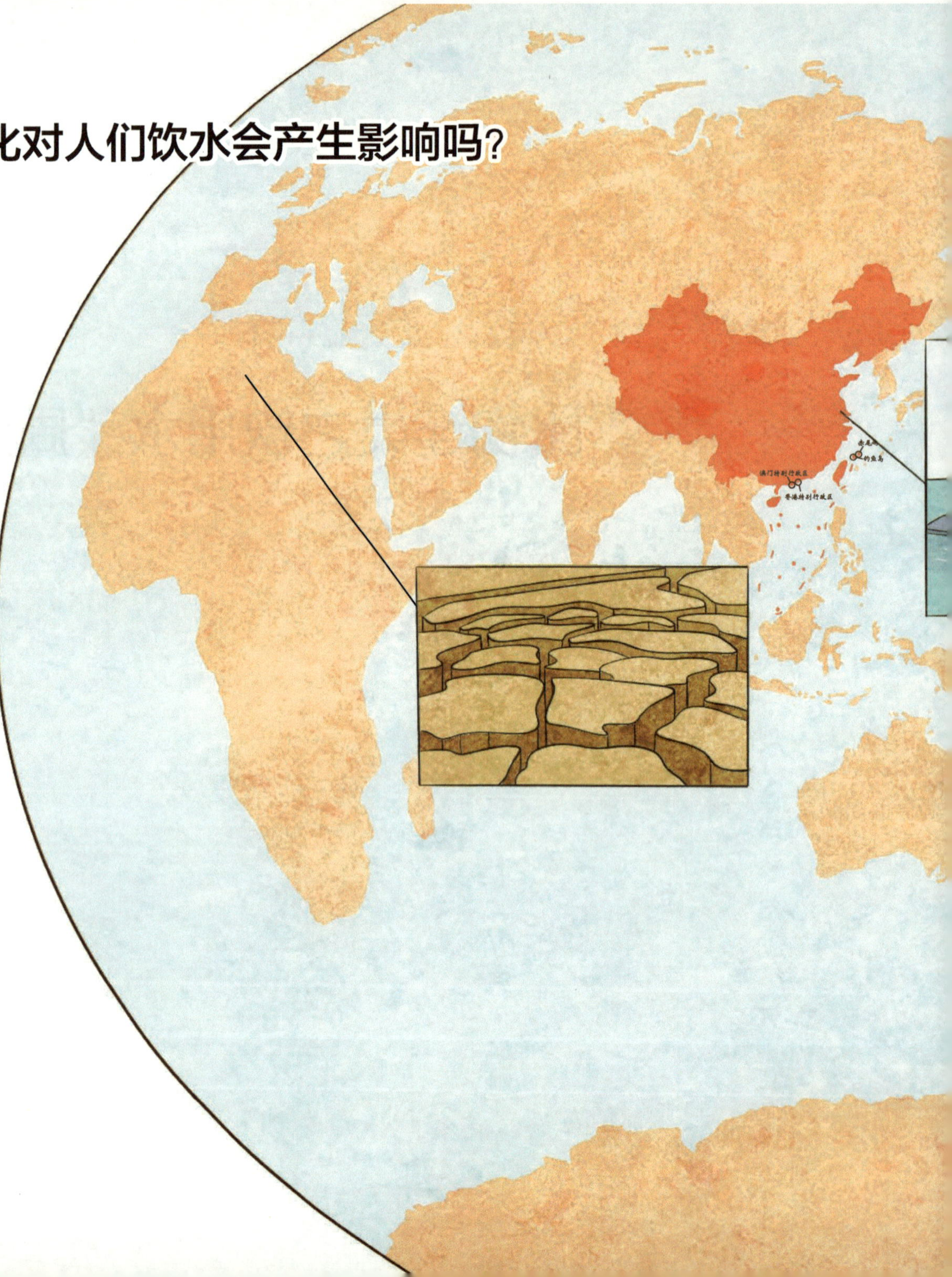

另外，针对高纬度寒冷地区的冷水湖，暖干气候的出现使入湖水量大大减少，蒸发量不断上升，适宜的温度给藻类植被迅速繁殖带来了有利的条件，易使水体产生富营养化现象，如呼伦湖蓝藻水华爆发事件的诱因之一就是气候变暖。

# 44. 饮用水水源地保护与降碳有关吗？

饮用水水源地保护是个系统工程，既包括保护区内的污染源整治，也包括保护区及水源补给区的生态保护与修复。在污染源整治方面，工业源整治是直接减少碳排放的手段之一。饮用水水源保护区内要严格限制钢铁、造纸等排放水体污染物的工业企业进入，对保护区内已存在的相关工业企业要依法关停或拆除；对城镇生活源及农业面源进行整治，既能减少生活污水、农药化肥等进入水体导致水体黑臭、富营养化的风险，又能间接减少甲烷等温室气体排放。在生态保护修复方面，保护区内入河入湖口湿地修复、生态缓冲带建设、生态农业建设等措施，以及水源补给区河湖水生态系统恢复、水源涵养能力提升，均在碳循环和碳平衡方面发挥重要作用。由此可见，饮用水水源地保护工作的推进，也会促进我国“双碳”目标的实现。

碳达峰
碳中和
降碳 减污 扩绿 增长

# 45. 水源地保护攻坚战你听说过吗？

2018 年，《中共中央　国务院关于全面加强生态环境保护　坚决打好污染防治攻坚战意见》明确提出，要全面排查和整治县级及以上城市水源保护区内的违法违规问题，长江经济带于 2018 年年底前、其他地区于 2019 年年底前完成。水源地保护攻坚战是打好污染防治攻坚战的七大标志性战役之一。生态环境部将饮用水水源保护作为打赢污染防治攻坚战的重点任务，梯次推进水源地“划、立、治”（饮用水水源保护区划定、界标及警示标志设立和环境问题整治）工作，切实消除饮用水水源环境安全隐患。截至 2019 年年底，全国所有县级及以上水源地环境问题清理整治目标总体实现，累计完成 2 804 个水源地 10 363 个问题整治，有力地提升了涉及 7.7 亿居民的饮用水环境安全保障水平。

# 46. 饮用水水源地会“退休”吗？

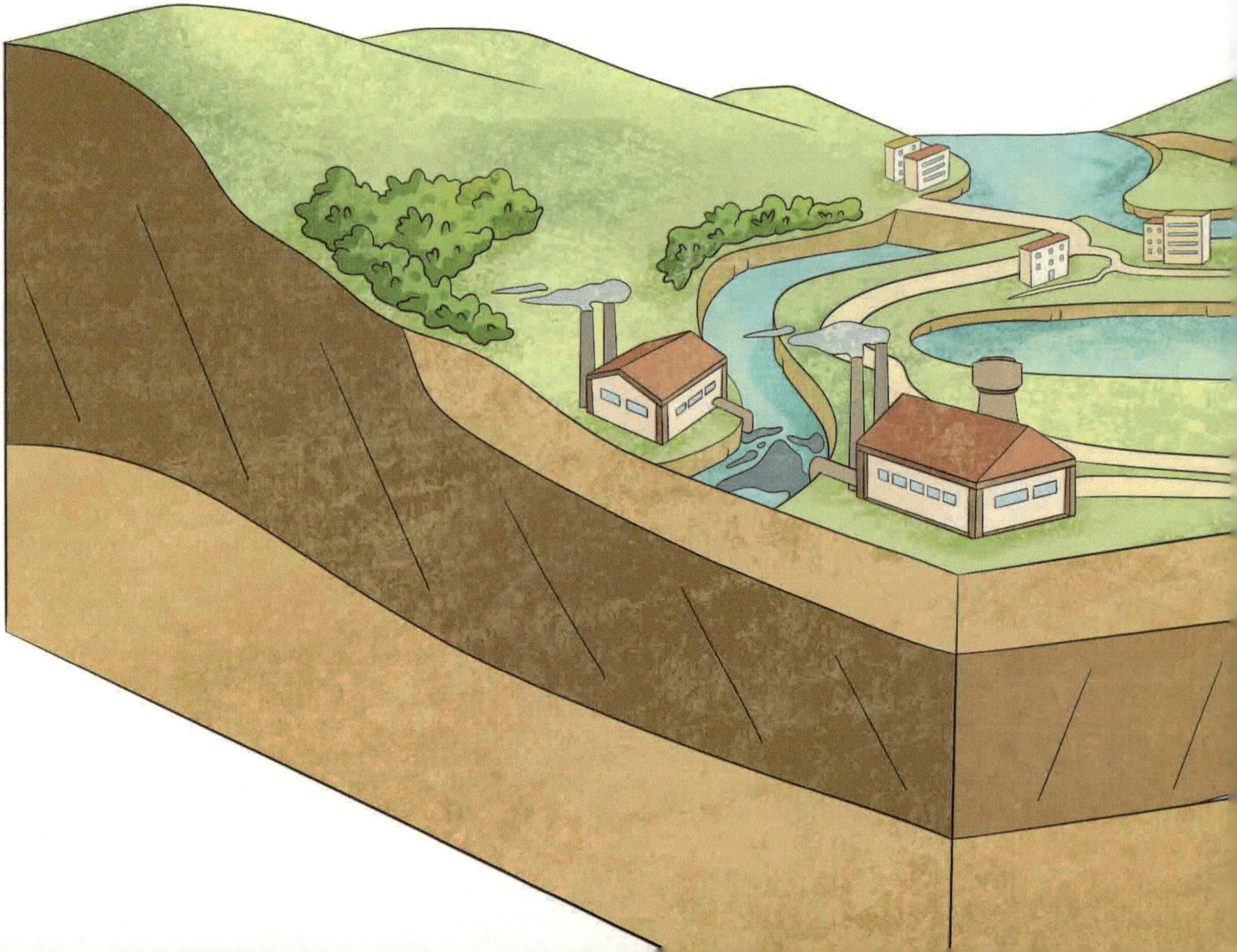

当饮用水水源地不能稳定、安全地供水时，将会面临“退休”的问题。有以下情况的饮用水水源地就可以考虑“退休”了：（1）受自然或人为因素影响导致水源水质不满足相关标准要求，且没有经济、可靠的水处理工艺能够解决该问题；（2）地下水型饮用水水源地运行多年，供水量急剧减少，井管长期缺乏维护，井内淤积严重，丧失供水能力；（3）由于历史因素，产业布局、城市建设布局与饮用水水源地布局产生矛盾，导致饮用水水源保护区内有大量的工业企业、城市生活等污染源，给饮用水水源保护区内环境整治带来了巨大困难，不仅增加了生态环境主管部门的工作难度，也大大提高了整治成本，需考虑寻找新的饮用水水源来替代。

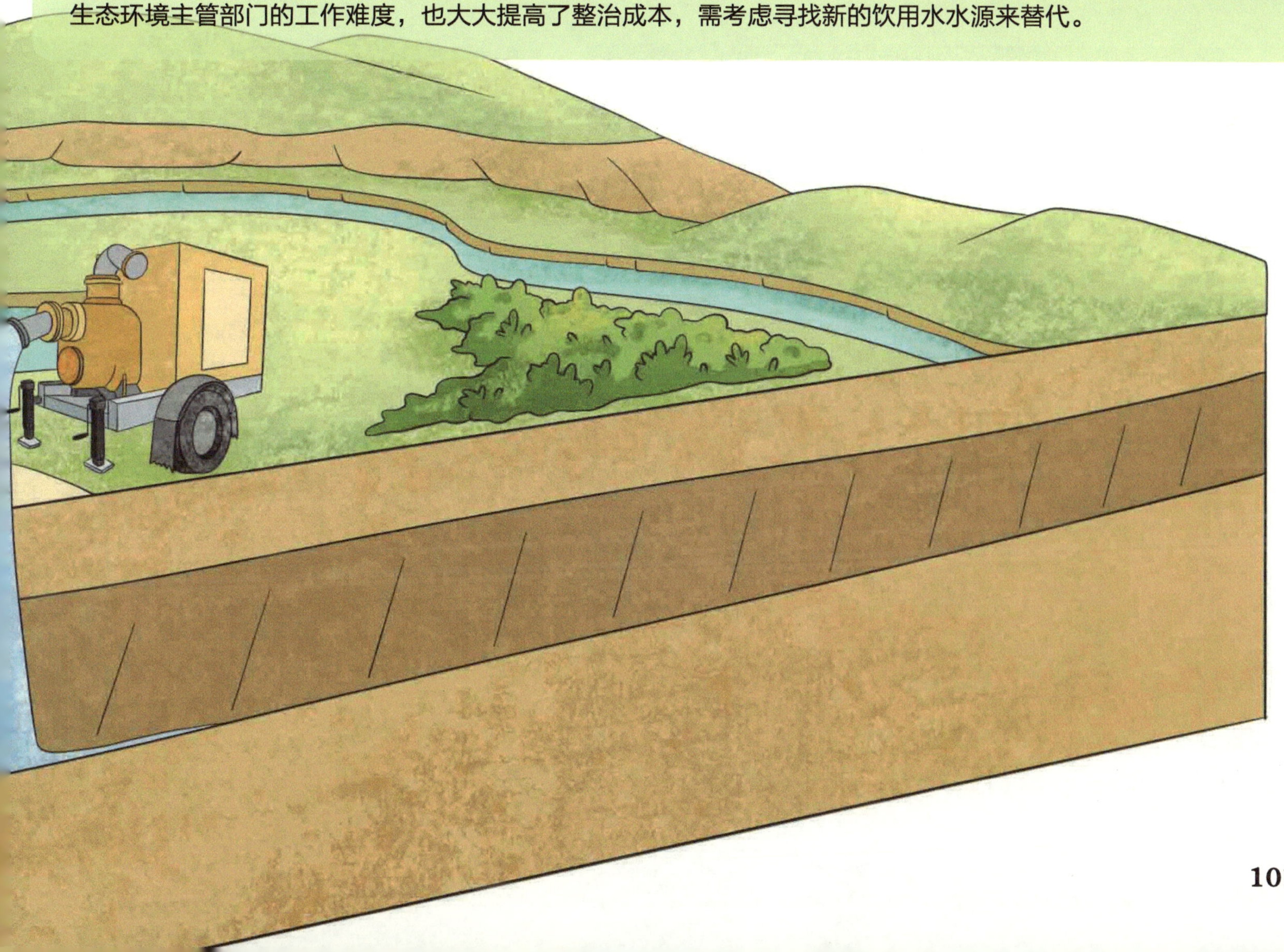

# 47. 突发停水该怎么办？

这里说的停水是由水污染事件导致的停水情况，其主要有以下两个特点：（1）突发性，在未接到任何提前通知的情况下突然停水；（2）不确定性，停水的时间长短不能确定，这主要取决于水污染的程度以及治理的效率。因此，水污染事件导致的停水对老百姓生活影响较大，比较容易引起社会恐慌。面对这种情况，公众可参照以下建议：一是发现突然停水要做到不恐慌，供水水源一般都会配套应急水源或者备用水源，各市、县也都有自己的饮用水安全突发事件应急预案，一旦发生水污染事件威胁饮水安全，饮用水供水单位会根据相关要求采取应急处理措施，并向相关部门报告和向社会公开；二是储备一些瓶装或桶装水，我们可以到附近超市购买一些矿泉水等作为备用饮用水；三是做好节水工作，在正常通水前，我们要尽量节约用水，减少洗澡、打扫卫生等活动，以保障生活饮用需求。

# 48. 水中的新型污染物你知道哪些？

从保障国家生态环境安全和人民群众身体健康的角度出发，新型污染物是指排放到环境中的具有生物毒性、环境持久性、生物累积性等特征，对生态环境或者人体健康存在较大风险，但尚未纳入管理或现阶段尚未被有效监管的有毒有害化学物质。新型污染物由于具有前面所述的特征，在环境中即使浓度较低，也可能具有显著的环境与健康风险，其危害具有潜在性和隐蔽性。因此，这类污染物一旦进入饮用水水源，将会给人民群众的健康带来较大风险。

目前，国内外广泛关注的新型污染物，主要包括持久性有机污染物、内分泌干扰物、抗生素、微塑料等，超过二十大类，每一类又包含数十种或上百种化学物质。首批被列入《斯德哥尔摩公约》全球控制名单的持久性有机污染物（POPs）有 12 种。内分泌干扰物被定义为能干扰和影响生物体自身激素合成、分泌、传递、结合、活性反应、代谢和消解等外源性化学物质，如邻苯二甲酸盐、多氯联苯、多环芳烃、烷基酚、烷基酚聚氧乙烯醚、杀虫剂和增塑剂等。

# 49. 你听说过饮用水水源地生态补偿吗？

饮用水水源地生态补偿是为了有效保护水源及其周边生态环境，维持和改善饮用水水源地生态系统服务功能而采取的一种环境经济政策。一般依据“谁受益谁补偿，谁破坏谁治理”的原则，通过资金、实物、项目扶持、智力开发等补偿方式，由饮用水水源使用方（使用该水源的一方）向饮用水水源保护方（为保障水源水质而实施各种水源保护措施的一方）提供补偿。千岛湖就是十年前在安徽、浙江两省的生态补偿模式推动下，一步步改善了水质，保障了水生态环境健康。北京重要饮用水水源地——密云水库，也在北京、河北两省（市）生态补偿政策的激励下，通过切实保护密云水库上游潮白河流域水源涵养区生态环境，保障了水库水源安全。此外，还有赤水河流域跨省上下游横向生态补偿，云南、贵州、四川三个省的人民政府以保护“美酒河”水生态环境质量为目标，共同出资设立了赤水河流域水环境横向补偿资金，用于流域生态环境保护与治理以及水污染防治等工作。

# 50. 未来的智慧饮用水水源地是什么样的?

随着科学技术在饮用水水源保护领域的广泛应用，饮用水水源地环境监管水平将迈上一级新的台阶。未来，饮用水水源地环境保护将从规范化建设向智慧化建设转变，建立智慧管理平台可以实现全国饮用水水源地“一张图”，全方位、全天候、全时段的安全监控。在数据库管理方面，平台可实现采集统计智能化，统计分析饮用水水源地水质时空分布特点，利用监控设备对保护区内的人为活动、交通穿越等进行实时监控；在新技术应用方面，平台可实现信息识别多样化，利用高清视频识别技术等，做到人、车识别和计数，水面漂浮物、水土流失来源分析等，强化水源地的风险隐患排查；在平台在线监管方面，平台可实现指挥调度扁平化，依托平台与地方管理人员直接“对话”功能，将可能发生的环境污染预报和日常监管中发现的环境问题及时传达到相关责任人，实行挂牌跟踪，迅速推进问题解决；在外部资源整合方面，平台可实现预警预报自动化，接入全国气象数据、水文数据、地形地貌数据，针对汛期和非汛期的重点关注地区，加强饮用水水源地上游水情、灾情和危险性分析；在数据深度分析方面，平台可强化对历史数据信息的分析和应用，形成“汇集—分析—研判—推送—核查—反馈”的数据应用闭环，提高饮用水水源地污染防治与生态保护的精准性和有效性。

# 参考文献


王巍．中华文明探源研究主要成果及启示 [J]. 求是，2022(14).

樊森．探索文明起源　凝聚中国理论 [N]. 中国社会科学报，2023-04-20(005).

孟宪实．关于炎黄传说的历史研究 [J]. 北京社会科学，2023(4):64-72.

成燕．全国人大代表顾万发：探寻中华文明起源　绽放仰韶文化之花 [N]. 郑州日报，2023-03-10(005).

王巍，赵辉．"中华文明探源工程"及其主要收获 [J]. 社会科学文摘，2023(3):5-8.

方燕明．中华文明探源工程中的中原考古 [J]. 郑州大学学报（哲学社会科学版），2022, 55(6):93-99.

周易 [M]. 郭彧译注．北京：中华书局，2006( 重印 ):406.

常俊贤．先秦时期水伦理思想研究 [D]. 南京：南京林业大学，2011.

管子 [M]. 李山译注．北京：中华书局，2009(3): 206-211.

李恩军．我国古代饮用水源的保护 [J]. 环境教育，2009(8):71-73.

陈奇猷校释．吕氏春秋新校释（上下册）[M]. 上海：上海古籍出版社，2002.

说苑全译 [M]. 王锳，王天海，译注．贵阳：贵州人民出版，1992.

刘俊霞．秦汉时期西北农业开发与生态环境问题研究 [D]. 咸阳：西北农林科技大学，2008.

朱思红．秦水资源利用之研究 [D]. 郑州：郑州大学，2006.

周海锋．秦律令研究 [D]. 长沙：湖南大学，2016.

魏慧银．先秦时期生态文明建设法哲学思想探究 [D]. 西安：西安石油大学，2012.

睡虎地秦墓竹简整理小组．睡虎地秦墓竹简 [M]. 北京：文物出版社，2001.

葛根高娃，王佳．北方游牧民族历史体系研究 [J]. 内蒙古社会科学（汉文版），2015, 36(4):177-183.

韩茂莉．历史时期草原民族游牧方式初探 [J]. 中国经济史研究，2003(4):93-104.

达日玛扎布，呼日乐．试论古今蒙古人的环境保护意识 [J]. 呼伦贝尔学院学报，2012, 20(2):27, 54-55.

沙海昂．马可波罗行纪 [M]. 冯承钧，译．上海：商务印书馆，1954.

中国农业百科全书总编辑委员会，农业工程卷编辑委员会，中国农业百科全书编辑部编．中国农业百科全书：农业工程

卷 [M]. 北京 : 农业出版社 , 1994.

托合提古丽·图尔荪 . 古代吐鲁番坎儿井工程技术与测量方法探讨研究 [D]. 乌鲁木齐 : 新疆大学 , 2014.

尼鲁法尔·阿布力米提 . 坎儿井系统及其对生态环境的影响研究以吐鲁番地区为例 [D]. 乌鲁木齐 : 新疆大学 , 2015.

阿达莱提·塔伊尔 . 新疆坎儿井研究综述 [J]. 西域研究 , 2007(1):111-115.

李久昌 . 新疆坎儿井的来源与时间考述 [J]. 新疆师范大学学报（哲学社会科学版）, 2005(3):25-28.

肉克亚古丽·马合木提 . 吐鲁番坎儿井保护研究 [D]. 上海 : 复旦大学 , 2013.

托合提古丽·图尔荪，阿不都沙拉木·加拉力丁，热比亚木·买买提 . 古代吐鲁番坎儿井工程技术与测量方法研究 [J]. 工程勘察，2014,42(4):63-67.

徐日辉 . 街亭考 [J]. 兰州大学学报 , 1983(3):35-41.

徐日辉 . “陈仓渭水道”与街亭战役考 [J]. 中国历史地理论丛 , 2001(2):90-96,125.

李亮 . 水与战争之二 街亭之战 [J]. 中国三峡 , 2016(7):9-11.

高峰 , 曹俊生 . 且看《三国演义》中的“水战”[J]. 文学教育 ( 下 ), 2011(3):49.

贾俊霞 , 阚耀平 . 隋唐长安城的水利布局 [J]. 唐都学刊 , 1994(4):6-11.

金戈 . 中国古都与水 ( 一 )[J]. 海河水利 , 2005(1):62-69.

温亚斌 . 隋唐长安城“八水五渠”的水系研究 [D]. 陕西 : 西安建筑科技大学 , 2005.

黄盛璋 . 西安城市发展中的给水问题以及今后水源的利用与开发 [J]. 地理学报 , 1958(4):406-426.

杜鹏飞 , 钱易 . 中国古代的城市给水 [J]. 中国科技史料 , 1998(1):4-11.

郭声波 . 隋唐长安的水利 [J]. 唐史论丛 , 1988( 第 4 辑 ):268-286.

蔡蕃 . 古都北京的水 [M]. 北京：北京联合出版公司 , 2022.

谈迁 . 北游录 [M]. 北京：中华书局，2006.

沈世培 , 肖宗建 . 辛亥革命对民族资本主义发展的意义 [J]. 江苏大学学报（社会科学版）, 2011, 13(5): 32-35, 42.

董惠民 . 辛亥前后浙江民族工业之比较 [J]. 南通师范学院学报（哲学社会科学版）, 2004, 20(2):90-93.

梁志平．渐变下的调适：上海水质环境变迁与饮水改良简析(1842—1980)[J]. 兰州学刊，2011(12):115-123.

梁志平．民国时期工业废水污染与社会应对——基于嘉兴禾（民）丰造纸厂“废水风潮”的研究[C]. //2017长三角青年学者水文化学术论坛论文集，2017:38-47.

梁志平．民国时期湖州水质环境变迁与饮水改良[J]. 鄱阳湖学刊，2017(4):95-100.

梁志平．民国江南轻工业废水污染与社会应对[J]. 江苏师范大学学报（哲学社会科学版），2017, 43(3):109-114.

你所不知道的水[J]. 家庭服务，2017(11):44-45.

刘旎，傅延龄．基于《伤寒杂病论》小便异常类症状探析人体水液循环过程[J]. 中华中医药杂志，2022,37(9):5159-5163.

袁洪月．人体水平衡模型的研究与应用[D]. 湖南科技大学，2022.

张慧卿．1927—1937年南京城市饮用水问题及其治理[J]. 近代史学刊，2017(1):14.

孙亚男，杨玉璋，张家强，等．郑州地区东赵先民植物性食物结构及遗址出土部分陶器功能分析：来自植物淀粉粒的证据[J]. 第四纪研究，2018, 38(2):406-419.

吴莉．浅析茶文化在唐宋时期的传播与茶诗的盛行[J]. 福建茶叶，2017(2):312.

胡勇．民国时期上海霍乱频发的原因探略[J]. 气象与减灾研究，2007, 30(2):38-43.

崔占龙，夏泉．民国时期广州市政府应对公共卫生危机的举措及评价——以1932年霍乱为例[J]. 暨南学报（哲学社会科学版），2020, 42(3):24-32.

荆蕙兰，苗庆科．新中国成立初期东北地区爱国卫生运动述论[J]. 广西社会科学，2021(4):140-147.

李洪河．反细菌战调查与建国初期爱国卫生运动的肇始[J]. 河北师范大学学报（哲学社会科学版), 2010, 33(3):156-160.

肖爱树.1949—1959年爱国卫生运动述论[J]. 当代中国史研究，2003(1):97-102, 128.

翟晓萍．饮用水硬度测定和改善方法研究[J]. 化工管理，2019(27):35-36.

饮用水卫生知识问答[J]. 首都公共卫生，2013, 7(3):143-144.

杨丽华．锅炉水垢的形成、危害及防范措施[J]. 山西科技，2004(3):67-68.

赵莉，周篇篇，刘波，等．饮用水硬度对口感及人体健康的影响[J]. 城镇供水，2019(5): 45-50.

卢金锁，陈诚，李雄，等．饮用水水垢问题辨析[J]. 中国给水排水，2019, 35(8): 15-19.

蒋兆峰，何广立，韦镇萍，等．一起生活饮用水异味事件的调查 [J]. 现代预防医学，2011, 38(6):1139-1140, 1143.

于力强，陈超．1 起酚严重污染城市自来水的调查 [J]. 预防医学论坛，2009, 15(1):92-93.

张渝，张学庆，于明达，等．引起饮用水异味原因分析及防范措施 [J]. 给水排水，2015, 51(5): 15-18.

胡冠九，吕欣．饮用水异味原因、案例分析及检测应对措施 [J]. 环境监测管理与技术，2013, 25(3):13-16.

涨知识！航天员太空用水一部分来自于尿液 . https://weibo.com/1977460817/KwBgcbD9g.

刘丽颖，张荣．饮用水消毒副产物成因及控制措施 [J]. 中国公共卫生，2012, 28(5):707-709.

张殿平，翟慎永，刘晓利，等．淄博市农村饮用水水质与介水疾病调查及相关关系研究 [C]. // 第一届中国环境与健康大会论文集，2017:598-603.

郝瑞婷，张振伟，叶必雄，等．饮用水中硝酸盐暴露与甲状腺疾病关系研究进展 [J]. 环境与健康杂志，2017, 34(8):748-751.

金银雪．全球变暖下的水资源危机 [J]. 生态经济 ,26(6):5-8.

水利部南水北调工程管理司，水利部南水北调规划设计管理局．中国南水北调工程效益报告 2020[D],2020.

陈方．“母亲水窖”项目的经济和社会效益研究 [J]. 河海大学学报（哲学社会科学版），2003, 5(1):3-7.

罗宝芳．中国再生水利用研究 [J]. 能源与节能，2022(5):44-46.

曲久辉，等．饮用水安全保障技术原理 [M]. 北京：科学出版社，2007.

曲琳．自来水厂水处理工艺的应用现状及发展趋势 [J]. 民营科技，2015(6):264.

张德斌，章卫胜，王金华．气候变化及人类活动背景下水源地安全研究综述 [J]. 人民长江，2018, 49(20):40-44.

程济生．气候变暖对上海长江口水源地的影响 [J]. 城市公用事业，2009, 23(6):17-18.

吕笑天，吕永龙，宋帅，等．气候变化与人类活动双重驱动的冷水湖泊富营养化 [J]. 生态学报，2017, 37(22):7375-7386.

生态环境部．有效防范新污染物环境与健康风险持续改善生态环境质量 [J]. 资源节约与环保，2022（5）：150 -151.

任仁．《斯德哥尔摩公约》禁用的 12 种持久性有机污染物 [J]. 大学化学，2003（03）:37-41.

Wee S Y, et al. Occurrence of multiclass endocrine disrupting compounds in a drinking water supply system and associated risks. [J]. Scientific Reports, 2020, 10(1) : 17755-17755.